在不经意的年纪，遇见最好的自己

安雨 著

中国友谊出版公司

图书在版编目（C I P）数据

在不经意的年纪，遇见最好的自己 / 安雨著. -- 北京 : 中国友谊出版公司，2018.7
ISBN 978-7-5057-4398-4

Ⅰ. ①在… Ⅱ. ①安… Ⅲ. ①人生哲学－通俗读物 Ⅳ. ①B821-49

中国版本图书馆CIP数据核字(2018)第135931号

书名 在不经意的年纪，遇见最好的自己
著者 安雨
出版 中国友谊出版公司
发行 中国友谊出版公司
经销 新华书店
印刷 北京中科印刷有限公司
规格 880×1230毫米 32开
8印张 128千字
版次 2018年9月第1版
印次 2018年9月第1次印刷
书号 ISBN 978-7-5057-4398-4
定价 39.80元
地址 北京市朝阳区西坝河南里17号楼
邮编 100028
电话 (010) 64668676

不留下遗憾，不枉为少年

——自序

“心里有些话，想说出来。也许不一定是为了告诉你，也许有些话只是为了告诉自己。”

我写下上面这些文字的时候，刚好二十一岁。这里面的故事，写的是你，也是我。

2016 年的夏天，很热。

时间就像北京六月的大雨，来得酣畅淋漓，一瞬间淋湿了整个四季。夏天就要过去了，好像什么事情都没有做。

每天徒步前往离家几公里外的田野，去看望那里生长的一大片野生向日葵，这是夏日里见过的最好看的颜色，也是后来的几年唯一让我念念不忘的东西。

二十岁开始的年纪，还承受不了生命扑面而来的袭击。

迷茫渗透在裂了缝的日子里，于是开始一点一滴地发酵，在浑然不觉之中透支了青春最好时的无畏。

那一段时间，心理焦虑得像等待着世界末日一般，头发大把大把地脱落，晚上总是失眠，逃课的日子愈发多了起来，仿佛找不到活下去的意义，生活失去了所有的色彩。

回家的时候，田里的稻禾开始冒出了穗儿，树上的夏蝉嘶哑地唱着最后的季节，小溪中生长的荷花被湍流撞得东倒西歪，万物生长的模样忽然让我觉得真好看。

奶奶曾告诉我，向着太阳努力生长的油葵，它的籽就会饱满。于是我常陪着奶奶去田野里，看那一大片一大片盛开的油葵。那个时候，我渴望着快点长大，长大了就能向着太阳奔跑，长大了就可以去看看外面精彩的世界，长大了就能做自己想做的许多事情。

于是，我努力地长大，拼命地成长。长大后才发现，原来长大也有长大的烦恼。成长会让你知道，并不是所有的努力都会有收获，并不是所有的相遇都会有浪漫的故事，并不是所有的青春都会有完美的结果。

我想，面朝大海春暖花开是我能想到的最有诗意的日子。能够在有生之年，看遍世间的大好河山，四季轮回；见见生命中相谈甚欢、相见恨晚的老友；遇见旅途中的每一段故事。然后，在暮年春光中，还能在庭前种上心爱的山茶花，喝点儿浓烈的小酒，在岁月静好中打起盹儿。这生命正在认真地老去，就好。

我们在世上不停地奔跑，不顾一切地追求自己想要的生活，总会在索然无味的挣扎里看到自己的光亮。

二十岁的我，想到未来，曾经很恐惧，现在很期待。因为无法预见而带来的忧虑，总会让我们忽视生命中最好看的模样，那就是你眼里有光芒的样子。

2016 年的夏天，田野、向日葵和奶奶是我二十岁的生命里记忆最深刻的场景。

夏天确实让人嫉妒，天那么蓝，风那么柔，年轻的人们那么漂亮美好，符合二十岁的人对青春的一切经验和美好想象，如同故人难却，如同每个人都有着很多无法解释的行为和没有结果的后来。

为了让这夏天开花结果，所以在夏天离开之际，让我们努力抓住夏天的尾巴。

愿美好的灵魂不留下遗憾，恣意张狂，不枉为少年。

目录 CONTENTS

第一辑 时光之南，从来都是不动声色

时光总是这样，在你的一次次不经意间悄然而逝，而当你苦苦追寻时，却又隐匿得无影无踪。我想人生的意义，大抵在于在短暂的时光里，坚持自己的坚持，追寻自己的追寻，执着自己的执着。而所谓的梦想，不过是一场年少时的执着，一场朦胧岁月里的水月镜花，一场时光之南的不动声色。

第二辑 久别重逢，终是一场无疾而终

离开永远比相遇更容易，因为相遇是几亿人中一次的缘分，而离开只是两个人的结局。我想遇见一个人，他可以天长地久，陪我一起，填满我所有荒芜的时光。

第三辑

翻山越岭，你有你行走的江湖

人生苦旅中的相遇，是一份意外的惊喜；相诉，是一阕优美的断章；相惜，是一种情意的升华；想念，是一种别样的美丽。缘为何来，莫问因由。只愿，就这样，且歌且吟，且行且暖，且暖且惜，啜几行平仄的诗文，沐浴似水流年，一杯香茗，两份挂念，一半云游，一半落异乡，共守淡然。翻山越岭，我们各自行走自己的江湖，道别离，请珍重。

第四辑

义无反顾，一切都在意料之中

每一个繁花似锦，都经历了暗涛汹涌。你没必要去改变一个人，正如你无法改变明日的天气。你所要做的，只是持心自守，兵来将挡，水来土掩。当你准备好自己，无论是晴是雨，都能找到一种自在新鲜。正如写在诗句里的人生：回首向来萧瑟去，归去，也无风雨也无晴。

第五辑
岁月如欢，成长注定狮虎独行

人总是要多经历几个春秋，才会成长，才会懂得更多。自己走过了，路过了，也错过好多个春天。人生在世，要知道自己的追求，放飞梦想，努力拼搏。人是地球的主宰，应该发挥自己的主观能动性，不怕挫折，克服困难。其实并没有什么做得做不得，而是你自己想做与不想做。

第一辑

时光之南，从来都是不动声色

时光总是这样，在你的一次次不经意间悄然而逝，而当你苦苦追寻时，却又隐匿得无影无踪。我想人生的意义，大抵在于在短暂的时光里，坚持自己的坚持，追寻自己的追寻，执着自己的执着。而所谓的梦想，不过是一场年少时的执着，一场朦胧岁月里的水月镜花，一场时光之南的不动声色。

我们每个人心里，
都藏着一段美好的故事，
那是关于生命酿成的老酒，
等着风雪交加的来临，
喝下满满的一口，
暖了长长的冰冷的一生。

南方的阳桃

前几日，室友去超市买了几个阳桃回来，两块钱一个，我们动手将它切成五角星的模样。

正值春分时节，吃起来酸酸甜甜的，味道还不错。

我第一次吃阳桃，是在三四岁的年纪。跨过将近二十年的时光，再吃下一口阳桃，仿佛还能一眼看到儿时那段岁月的艰辛。

那时父亲只身一人南下广东打工。我跟着母亲在乡下老家生活，日出而作，日落而息，生活一如既往地贫穷。大山里闭塞而落后，没有电话，更没有手机，我跟母亲待在老家接收不到父亲的一丁点信息。我白天跟着母亲在山里，在田埂上采集药材，回家洗净晾干，隔天再背到镇上卖给小贩，换取为数不多的钱度过一个又一个难挨的日子。

母亲生在没落地主家，姥姥早逝，她嫁过来的时候皮肤白白净净的，一头长长的黑发，很是好看。她因为生产时无人照料而落下病根，常年吃药，脸色苍白得吓人。春天母亲带着我挎着竹篮去地里挖荠菜，夏天带着我去鱼塘边采集鱼腥草，秋天领着我去林子里捡拾油桐籽，冬天牵着我去后屋檐下拾掇落在雪地里的枯树枝丫。

那时母亲才二十出头的年纪，小小的，瘦瘦的，受了委屈只能坐在油灯下面纳着鞋底自个儿抹着眼泪。

大约过了一年多的时间，父亲在盛夏的一个午后进了家门。门外稻田里的谷穗泛着一片黄，知了在屋檐下拼命地嘶吼，我抱着跟我同岁的小狗阿黄望着门外的父亲，有些陌生。

父亲回来后，母亲依然忙前忙后，我抱着阿黄坐在院子里玩泥巴。

母亲在堂屋喊我："丫头快过来，看你爸给你带了什么好吃的！”

我跑过去一看，是一兜翠绿的果子，母亲拿一个放在我的手心里，小小的我少不了孩子的兴奋与好奇，捧在手里左看右看，眼里溢出满满的新奇感。

母亲用小刀将它切成薄薄的一片，让我含在嘴里，酸酸甜甜，清新爽口的味道在口腔里弥漫开来，占据了我整个童年的回忆。

我看见母亲将那兜翠绿的果子锁在木箱里，像宝贝似的小心翼翼地藏了起来。

那是我第一次吃到这奇怪的果子，母亲也是。她笑起来眼底弯弯的，像一叶小舟。

我问母亲：“这是什么果子？”

母亲摇摇头，我看向父亲，他也摇摇头。

原来，我们一家人吃了一种无名果。

第二天，我央求母亲带我去集市上找找这种果子。

我和母亲走完了长长的一条街，也没有在小摊上看见这种水果，我有些失望。

母亲在卖文具的摊上给我买了一支铅笔，抱起我说：“别灰心，找不到那个绿果子，说明你父亲给你买的是世界上独一无二的东西，别人都没有。妈给你买一支笔，你学着把它画下来，等有一天你长大了，就去你父亲去过的地方，打听一下这种果子叫什么名字……”

回家后，我握着笔对着果子歪歪扭扭地画着一张张惨不忍睹的图案，画完之后又把果子还给母亲，再让她小心地锁起来。

大山里的温度炎热而潮湿，没过多久，母亲锁在箱子里的果子全都坏掉了。

她拿着那兜发软并散发着异味儿的果子不知所措，我抱着她的手臂看了一眼，皱皱眉。

“妈，它坏掉了就坏掉了，真娇贵，还不如阿黄抗打呢！”

后来我将那张隐隐约约看得出轮廓的草图，压在我的枕头下面。母亲将那些坏掉的果子洗干净，捣成汁烧成了甜汤，味儿也是一样。

等我到了上学的年龄，母亲跟着父亲去了北京，我和阿黄被送到奶奶家照顾。

此后漫长的时光，小学六年，初中三年，高中三年，再到大三。十几年过去了，我早已忘记了儿时的很多事，忘记了那时日子的艰苦，连同那枕头下面的画也不知丢在了何处。

从大山里出来后，见识了这个世界的五颜六色，看见了外面天空的宽广辽阔，也去了天南海北的城市，唯独没有去过广东。

是忘了吧，我已将它彻底尘封在记忆深处。

很奇怪，过去了这么多年，当我在城市里再次看到这种翠绿色的果子，还能一眼认出它就是儿时父亲给我买的水果。

它的名字，叫阳桃。

我学着母亲当初切阳桃的样子，将它切成薄薄的一片，含在嘴里，酸酸的，细细咀嚼，就像连同幼时的味道一起咀嚼回味。

突然有一股想要落泪的冲动，却不知因何而起。

大概是久别重逢的美好与生命的影子重叠，总会因拂去的灰尘迷了双眼，呛了心鼻。

前天是父亲四十九岁生日，恰好我跟朋友去了开封朱仙镇拍摄一个纪录片的素材，来来回回在路上花了三天时间。

回到旅社已是晚上十点以后了，打开手机想了想，这会儿父亲和母亲恐怕早已歇息了吧。

思考许久，我给父亲发了一条短信：老爸，生日快乐！

第二天，姑姑在微信上给我发了一群人陪父亲过生日的图片，没有我，也没有弟弟。

我们和父亲之间缺席的是，整整十几年的漫长时光。

我和父亲的关系算不上融洽，但也算不上冷淡。

通电话的时候，接电话的往往是我母亲；在家的时候，和我们一起逛街的也是母亲。

到了后来，一年下来我跟父亲通电话的次数屈指可数，说不上两三句话。

有一回，父母因为走亲戚送的礼金过多而吵了起来。弟弟将我拉到一旁低声告诉我，老姐，咱爸挺孤独的，没有朋友串门，有的只是送不完礼的亲戚，在家跟我们也不亲近，只好天天闷着头睡觉……

我愣愣地看着弟弟。这个身高已蹿到一米七五，成天只知道吃喝玩乐打游戏的少年，竟看得如此透彻。

父亲是20世纪60年代出生的人，贫穷与落后是那个时代普遍的生存状态。父亲在县里最好的高中读书，成绩年年班里第一，但因为贫困不得不早早辍了学。

每个人都有自己要坚守的梦想，我想，父亲肯定也是有的。他一定也有我们这个年纪的张扬与希望，一定也有无能为力的落寞和对命运的妥协。

我想，他一定是有的。

但从来没有人去理解他，也没有人能理解他。他有的是这个社会赋予他的生存压力，有的是这个小家庭扔给他养家糊口的责任，有的是生命里留给他的坎坷与苦难。

他将他的大半辈子都呈交给了别人，不去争，不去抢，不反驳，更不会反抗。他平静地接受了命运投给他的一切。

这，就是我的父亲，不善言辞，不懂圆滑世故，也不会随波逐流，与这个世界有些格格不入。

他极少参与到我的生活里，却一直在我的生命中根深蒂固。

那种剪不断的血缘延续，就像五六月份阳桃的味道，早已深深埋在了记忆深处，只要轻轻一尝，还是最初的味道，让你禁不住想落泪。

我想，那大概就是父爱的味道吧。

一直都在，从未离开。

我爱深秋穿过枫叶的暖阳，
爱时光之外的你，
在白纸上滋生着莲花。

站在时光之外

3月3日，《一条狗的使命》在各大院线开始上映，电影院里座无虚席。

一向泪点极高的我，在黑色的包厢里哭得稀里哗啦。

在人际关系日益冷漠的当下，人与动物之间的情感倒显得格外真实，而童年的回忆，是我一生最好的铭记。

1995年的冬天，我来到这个世界上，陪伴我的，除了母亲，还有母亲在集镇上捡回来的流浪狗阿黄。

阿黄外形酷似狼狗，体型也比其他的犬类庞大，锋利的牙口看起来格外凶残，趴在屋檐下假寐又温顺得像只纯良的金毛。阿黄陪伴我整整十三年，这十三年，是我成长生涯的一段，却是它竭尽全力的一生。

儿时，我和母亲，还有阿黄在一起生活。它白天一直陪伴在我左右，晚上又趴在屋檐下侧耳倾听，俨然是黑夜里的守护神。

20世纪90年代的乡下，没有电视没有手机更没有网络，我们小孩子最常见的娱乐就是一窝蜂地跑到村头的谷场玩过家家，或者满山跑着采摘各种各样不知名的野果。有孩子的地方，就容易产生矛盾，有矛盾，就会有哭闹。往往到了最后，被欺负的小孩子哭哭啼啼地回了家，第二天再过来的时候，就会带着家里的守护神，扬扬得意。

那时候的乡下，几乎家家都会散养一条田园犬，它们就像一支小分队般跟在我们后面，东奔西跑，不离不弃。

我四五岁的时候，家里还只有我一个女孩，其他的小伙伴都有兄弟姐妹，受欺负的往往是势单力孤的我。我一哭鼻子，阿黄就冲过来对他们大声狂吠，吓得一群孩子拿树枝和石块砸我们。

阿黄冲过去咬住其中一个孩子的裤子，吓得其他孩子急忙呼唤自家的守护神。

一群孩子的闹剧到了最后往往变成了仙侠剧中一群灵兽的大比拼。

某次阿黄以一对七，毫不退缩，它的左耳在撕咬的过程中被扯下了一个大豁口，血流不止。回家后软软地趴在屋檐下的窝里，没了往日的神气。听大人说，土坯房的墙灰能止血。那一个下午，葡萄藤蔓应该爬满了整个篱笆墙，阳光也该是暖洋洋的吧，我蹲在院墙下面，努力地用铲子抠着墙灰，然后再小心翼翼地涂抹在阿黄的伤口上。它一动不动地趴在那里，任我将它染成了土灰色。

晚上母亲回到家，我少不了一顿挨打，我涕泗横流地惨叫，阿黄就在屋外虚弱地叫了几声。母亲生气地说，阿黄也是一条生命，它不仅仅是一条狗，更是家里的一个成员，它今天替你受了伤，你要时刻记得知恩图报，善待它……

阿黄还是一只记忆力很强的田园犬。凡是第一次来我家做客的亲戚，和阿黄见面的时候它会凶神恶煞地怒视对方，不时低吼几声，每当这时母亲就会拍拍它的头，像教导孩子般给它介绍进入家门的客人。

听了母亲的话，它就安静了下来，一脸傲娇地趴回自己的窝里。

后来，母亲跟着父亲去了北京，我和阿黄被送到奶奶家，来访的亲戚便少了许多。那时候只剩下大姨时而会来看望我，阿黄每次看到她都会摇着尾巴舔舔她的手心，像个孩子一样围着大姨跳跃，好像她也是它的大姨。

有一年母亲带着弟弟回来，姥姥和舅舅们前来探望，还未进门，阿黄就冲过去亲昵地蹭着姥姥的小腿，姥姥像和一个老朋友打招呼一样，嘿，阿黄，好久不见，你还记得我这个老太婆……每个人都用手心摸摸它的脑袋，这就是我们跟阿黄打招呼的方式。

那个时候我八岁，阿黄已经八岁半了。

后来，四岁半的弟弟从北京回来上学，那个时候我也即将小学毕业，阿黄自然而然地就成了弟弟的伙伴。

它每天早早地跟着弟弟一起出门，天蒙蒙亮，一路护送贪玩的弟弟去上学。上学的大路上总会有来回装卸水泥的货车经过，我总害怕弟弟会出什么意外，更害怕阿黄会出事儿。

阿黄已经十岁了，毛发不再鲜亮，偶尔吼几声就会引发一阵哮喘。它已经老了。

我在村小学读书的最后一年，阿黄每天傍晚还是会准时蹲到小学的铁门外等候，弟弟比我早放学一个多小时，往往学校老师把铁门打开，阿黄第一时间跑到弟弟的班门口等他出来，等弟弟跟着一群孩子出来后，它又不愿意离开。

我知道，它是在等我放学。

我从教学楼上下来，弟弟正趴在国旗下面的花坛上写作业，阿黄趴在他旁边时不时抬眼瞅着楼梯的方向。

看到我出来，它立马跑过来冲我低吼几声，舔舔我的手心。

2007年，我升入镇上的初中，回家的次数少了。家里特意给我买了一辆自行车，那时回家没事儿，骑自行车是我和弟弟唯一的乐趣。

现在回想起来，我充满了万分的后悔与愧疚。阿黄那时候已经十二岁了，它已经不愿意出门了，整日里怏怏地趴在屋檐下，让人仿佛察觉不到它的存在。

我骑着车子载着弟弟像一阵风一样消失在村口，阿黄在后面步履蹒跚地跟了一会儿，就停下来喘气，直到我们的身影完全消失不见。那时的我，孩子性格，刚刚青春萌动的年纪，却不曾发现人生里有些生命正在衰老。等我回头，一切都不在了，就如同从未出现过。

2008年，北京奥运会成功举办，举国欢庆。

那一年，母亲带着我们搬了新家。

那一年，我十三岁，阿黄十三岁半。

青春期的孩子，一门心思全在认识新事物和结交新朋友上面，回到家后也是拿着手机不停地发短信、玩游戏，哪曾想起孤零零地躺在院子水泥地上的阿黄。

十三岁，是我生命最旺盛的成长期；十三岁，却是阿黄苟延残喘的老年。

我正在成长，它正在老去。

2008年秋天，一个秋高气爽的午后，我从学校回到家，还没来得及喊饿，奶奶就心急火燎地告诉我说阿黄失踪了，它已经好几天没有回家了。它平时成天睡在屋檐下面，吃得也极少，前几天奶奶去山里捡栗子，它突然跟着进山了，回来的时候找不到它，奶奶还以为它晚上会记得回来……

我一时怔住，仿佛这是不可能的事情。阿黄，怎么会消失呢？这么多年它一直陪伴在我的生活里，就好像一直在那里，跟我们永远不会分开……

当它就这样在我的生命里消失后，我才发觉心里空落落的，缺了一个口儿，怎么也补不上。

我在山前山后、村南村北寻了个遍，明明知道再也找不回阿黄了，明明知道它再也不会出现了，可是我还在想着下一刻它会突然出现在我面前。

它走后，什么也没留下，只有我无尽的懊悔与自责。

如果当初我每天关注一下它，哪怕放学回家后摸摸它的脑袋，跟它打声招呼也好。可是都没有，它躺在冰冷的水泥地上一定很孤独吧，陪伴它的不再是弟弟，更不是我。

它把它所有的时间给予了这个家，给予了弟弟，给予了我。然后，它老了，它再也不能陪我们往前走了，只能到这里了。

十六岁，我谈了第一次恋爱。那时候阿黄已经消失了半年多，我还没能从难过中走出来。我把阿黄的故事讲给他听，我想如果阿黄还在，我一定把他介绍给阿黄认识，阿黄认可了他，我们就是一家人。

后来，我读了高中，进了大学。十六岁时的恋爱并没有坚持到最后，我早已记不得少年的样子，却依然清晰地记得那天他说的话：

“小七，我想阿黄肯定知道它要告别这个世界了，它一定不想离开你，更不想看到你难过的样子，所以它宁愿消失，宁愿永远活在你的记忆里，也不要你难过。所以，它一定还活着，在你看不见的地方陪着你……”

虽然这句话毫无科学根据，但是我还是相信了。

真的对不起，阿黄，将近十年的时间了，我还是没能找到你。你走了之后，我再也没有养过狗。我觉得它们没有你聪明，更害怕再经历一次跟你一样的消失，我觉得我还是会难过的。我怕失望，更怕心疼，所以宁愿不再触碰。

或许，阿黄已经在这个世界上的某一个角落重生了，如果是这样，希望它再也不要碰到像我这样没心没肺的小伙伴了，一定会有一个人永远陪伴它。

我好像做了一个很美好的梦，阿黄站在时光之外看着我，我大声地朝它喊，我说爱你。它奔跑过来蹭蹭我的手心，点点头。

我说爱你，它说是的。

原谅阿嬷的不可爱

2016年1月28日，是一个很普通的日子，与平常无异。

我像往常一样站在市二十四中公交站牌那里，等着31路车的到来。

北方的冬天很冷，开封也不例外。

平原地形，一马平川，北风呼啸而过，将所有的温暖席卷而去。

这样平常的一个早晨，我在人群中接到了弟弟从老家打过来的电话。

“老姐，你啥时候回来？”

“可能不回吧？报社放假还没通知，也许要留下来加班……”

“哦，那你还是回来吧！阿嬷今早去世了……”

阿嬷去世了？怎么可能呢？

电话那边传来嘈杂的声音，弟弟说族里来了人便急忙忙挂了电话。

1月29日，开封下了场大雪，纷纷扬扬掩盖了归路，高速已封，大巴车绕着下面的乡镇而过。我看向窗外，天地之间，上面是灰蒙蒙的天空，下面是白茫茫的大地，我就在这中间，不悲不喜。

傍晚时分，赶到南方的小镇上，晚安的人们都跟着小镇一同睡着了，只有远方模模糊糊地传来一阵一阵低沉的钟鼓声，还有雪花在耳边静静地绽放着。

我跪在堂屋的中间，朝着面前褐红色的棺木磕了三个头，化在头发里的雪水沾在脸上，湿漉漉的，就像那一刻的心情一样，耳边是道公不停念叨着超度亡魂的经歌，模模糊糊。

阿嬷去世了，在她刚刚过了九十一岁的生日后。

阿嬷出生于20世纪20年代，经历过抗战、新中国成立、唐山大地震以及北京奥运会……她从贫穷的年代撑到小康的现在，看到了将近一个世纪的变迁。

听奶奶说，阿嬷不是本地人，当年日本侵略的战火点燃了整个中国，也同样烧毁了阿嬷生活的那个大别山里的村镇。

十七岁的阿嬷被舅舅背着蹚过淮河，逃难到我们现在的县城，落地生根。

我们都不知道阿嬷的过去，她也极少提起，我们更无从得知，就连奶奶也只是从族里的长辈口中得到只言片语。

只是我们也从不去了解阿嬷这个谜底，就连我的父辈们也记不起她的姓氏。

阿嬷的脾气很坏，尤其是和奶奶之间的婆媳关系更为紧张。

两人隔三岔五就会在某个清晨大吵起来，常常惊动了左邻右舍，传到了村子的各个角落。

阿嬷喜欢吃面，但不喜欢喝面汤，每每奶奶添多了水，阿嬷总会嘟哝几句。粥熬得太稀了，她也总会敲着大瓷碗质问奶奶是不是家里没米了，隔天便向旁人控诉奶奶如何在吃食上虐待她。煮的米饭太硬了，她便会直接吐到地上大骂奶奶不安好心，明知她没有牙齿还要噎死她……

阿嬷就是这个样子，在跟奶奶相依为命的同时，仍然要以当家主母的姿态立足。

在爷爷去世之后的十年里，她跟奶奶经常吵架，直到她再也听不见了，看不见了，直到奶奶的头发都快全白了，脑血管梗塞更严重了……

阿嬷有两个女儿，在爷爷去世的头几年里，偶尔还被同村的大女儿接过去住上几天，后来死活也不去了。她跟奶奶在家看电视的时候自言自语地说：大女婿嫌我老得不像个样子，吐痰也脏了他们家的地板，大女儿连吭一声都没有……过后的五六年里，阿嬷再也不去她的大女儿家，就连逢年过节都不见大女婿过来拜访她。

2015 年暑假，奶奶突然脑溢血复发一头栽倒在自家院子里，被过路的邻居看见送去抢救，而父母远在北京，一时回不来。

那时，我正跟着老师在市图书馆做志愿者，接到电话便匆匆回了老家。

回到家后，阿嬷已经被送走了。

那应该是她去过的最远的地方了，湖北红安县。

奶奶躺在床上，自然也顾不上伺候阿嬷。

奶奶一个电话打到湖北，让阿嬷的小女儿将阿嬷接过去照顾几天。小女儿支支吾吾不愿答应，迫于亲戚的压力，隔了几天开着车将阿嬷接走了。

半个月后，湖北那边来了电话，说阿嬷吵着要回来……

回来后的阿嬷好像安静了许多，也不再使唤我们这群孩子。

有一天，我走进院子，没看见阿嬷。

以往的她总是坐在堂屋的门口，通过院子可以看见门口路过的行人，一坐就是一整天，日复一日，年复一年，就像雕塑一般守在那里，一动不动，没有人知道她在想什么，也没有人去关心她在想些什么。

走进堂屋，隔着门帘听见阿嬷的房间里传来一阵一阵的哭声，像小孩子一样呜咽且抽噎的声音，我轻轻地挑开帘子的一角，阿嬷坐在打着大小补丁的黑色蚊帐里，拿着一条早已看不出颜色的手绢抹着眼泪，一双小脚摆在床边……

那个中午，南方夏天的天空，白色的云总是飘得很低很低，不一会儿就落满了屋前屋后的松树枝头，门前的稻田里，有气无力的田蛙在控诉这个季节的炎热，槐树林里传来夏蝉歇斯底里的歌声，仿佛要拼尽全力唱尽夏天的最后一刻。还有，阿嬷躲在夏天余声里的悲鸣。

这个九十岁的老太太，独自一人躲在房间里哭得像个孩子一样无助，没有人知道是为什么。是生活不如意？还是哀叹命途多舛？

都不像，搁在以前，她总会一个人嘟囔一整天，而这次，她却哭了。

你无法想象，一个九十岁的阿嬷在你面前哭泣。那一刻，不管她以前有多么强势，多么讨人嫌弃，你看见了，内心只剩下止不住的难过与心酸。

阿嬷去世前的几个月里，她向奶奶吐露了实情。

她这辈子一直想去湖北小女儿家住上几天，没想到等到了九十岁的年龄才实现这个愿望，即使对方答应得不情不愿，阿嬷依旧是欣喜的，结果只住了半个月就住不下去了。原来，阿嬷小女儿一家人吃饭，从不让阿嬷去餐桌上就餐，一天到晚让阿嬷坐在房间的一角，不准许随意走动。阿嬷小女儿的儿子媳妇都不喜欢老太太又聋又瞎还缺了牙齿的样子，嫌弃阿嬷坐在他们面前影响大家的食欲，就连阿嬷那个才几岁的重外孙也时不时地踢上阿嬷几脚，骂上几句。

阿嬷是一个自尊心极强的老太太，虽然看不见也听不见，但是也能感受到对方的嫌弃与恶意，仅仅住了半个月，她就闹着回家，回到那个只有她和奶奶两个人的家里。

回家后的阿嬷与奶奶度过了这辈子最安静的日子。阿嬷和奶奶说，就算是死，你再也不能将我随便送走，我哪儿也不去了……

阿嬷依旧坐在堂屋的门口，午后的阳光透过窗棂打在阿嬷的身上，她那只浑浊的眼睛紧紧地盯着门外，看过了无数轮回的春夏和秋冬，然后闭上眼睛，不一会儿便低下头打起盹儿来。

在她九十岁大寿时，父亲从北京赶了回来，将前来贺寿的宾客请到镇上的饭店吃饭，包括阿嬷。

那应该是她这辈子过得最开心的一天吧，穿着母亲给她买的新棉袄和新鞋子，自己躲在房间里打扮，连奶奶喊她吃早饭，她也是高声地回了句：今儿早饭不吃了！

这么多人聚集在一起陪着她吃饭，还是头一次吧。

而后的一年里，她逢人便说自己九十岁的生日宴，是多么的热闹、喜庆。

九十一岁生日这一天，奶奶早早起来给她煮了一碗荷包蛋，便去了叔叔家帮忙招呼前来拜寿的客人。

阿嬷在家坐了一整天，也没有人来喊她吃饭，奶奶从叔叔家端了一盆饭菜，她也只是随意挑了几口，便搁了筷子，早早地回了房里睡觉。

一个月后，阿嬷拄着拐杖在院子里的水泥地上摔了一跤，便再也没有起来。

前来探望病情的医生说，阿嬷这是老了，身体机能都衰竭了……

2015 年的冬天，不论南方还是北方，都下了一场罕见的大雪，天气一直没有放晴。

我们所有人都觉得阿嬷能活到百岁，她就活在我们的身边，一直都在，从来不会消失，仿佛永远住在我们的生命里。

直到去世的前几天，阿嬷半夜将奶奶唤醒，催着奶奶给我父亲打电话，直嚷嚷着要见自己的大孙子。

第二天，阿嬷便昏迷不醒，不吃不喝。

奶奶见情况不好，赶紧给父亲打了电话，父亲和母亲连夜买了站票，花了一天一夜才赶回老家。

那天夜里十一点父亲和母亲顶着满身风雪，打开奶奶院子的大门，还未走到堂屋，阿嬷突然问奶奶："是不是满意（父亲的小名）回来了？"

奶奶说，那个时候阿嬷已经昏迷了两天，父亲回来后，她竟然奇迹般自己穿好衣服走下床，走到堂屋摸着父亲的手，嘴里不停地说着，"你们都回来了，回来了就好……"

为此，父亲还很生气，阿嬷这个样子看起来根本就没有事，哪有奶奶说的那么严重……

奇怪的是，第二天阿嬷躺在床上再度陷入昏迷，偶尔醒来，也是语无伦次地说着梦话，跟前一晚的阿嬷判若两人。

1 月 28 日早晨，开封的天刚刚放晴，电话那边传来弟弟的声音。

阿嬷去世了，在一个阳光初升的早晨，悄无声息，没有留下只言片语。

阿嬷是个脾气很坏的小老太太，一米五的个头，稀疏的几根白发，一只尚能看得见光的眼睛，红色带斑的脸，一双黑色发青的干枯的手，一双走起路来摇摇晃晃的小脚……

这样的阿嬷的确不可爱，并且脾气还坏，没有人喜欢她，包括我们这群孩子。

可是，就是这样一个一直存在于我们生活里的人，突然再也不会出现在我们面前，再也听不到她那遇事就吵吵的声音，再也看不到她坐在堂屋的门口紧紧地看向门外的样子，再也看不到午后的阳光透过窗棂照在她身上打起盹儿来的画面……

是的，一切再也看不到了。

已经去世一年多的阿嬷，没有人记得她的姓氏，也有人早已忘了她的模样。

她的确一点儿都不可爱，这一点所有人大概都忘了吧。

遗忘，或许是一场对过往盛大的否定与原谅。

那么，就请原谅阿嬷吧，原谅她所有的小缺点与不可爱。

这样，她就不会像一个孩子般，一个人躲在黑暗的屋里无助地哭泣了。

你得相信，每个出现在你生命里的人，都有她存在的意义。

听说，
人在看见光时，
周围的一切都会变暗。

瘦尽灯花又一宵

林潇潇今年二十七岁了，仍然是一枚大龄剩女，连男生的手都没牵过。

她从来没有恋爱过，但她有自己喜欢的人。

是的，她喜欢这个人，长达十年之久。

我们所有人都知道她喜欢程一鸣，唯独程一鸣从不知晓这事。

林潇潇在没遇到程一鸣之前，一直都是老师眼中的好学生，同学眼里的学霸，父母口中的乖乖女。

如若林潇潇的十七岁青春里没有撞上程一鸣，现在的林潇潇或许早已成家立业、相夫教子，过上幸福圆满的生活了！

但谁又能说清楚，每一个突然闯入自己生命里的人，总在人生的不远处不动声色地埋着一条绵延千里的伏笔呢？

2012 年的林潇潇，过着父母安排的人生轨迹，安静平和，却也总是少年爱上层楼，为赋新词强说愁。

央广网有档深夜节目叫作《瘦尽灯花又一宵》，节目名称取自纳兰容若的词。林潇潇很喜欢那种微微带苦的文字，在深夜里一点一点抚平青春的闲愁。南方的雨季总是长久了些，往往窗外的槐树落了下来，她依旧还在凌晨整点等着这个孤寂而萧瑟的电台节目姗姗来迟。

林潇潇一直都觉得这个节目的背后，肯定有着和她一样无法入眠的人，不知道他们有着怎样的故事，有着怎样的心情。但此刻，她和他们一同是这个深夜里最忠诚的听众。

2017 年 4 月，程一鸣终于结束了维持五年的婚姻，一纸离婚协议算是交代了整个青春。

转眼间，林潇潇竟有五年光景不曾听过《瘦尽灯花又一宵》这档节目了。

那是一个异常烦躁的午后，五月的天倒是愈发晴朗起来，林潇潇对修改了好几遍的剧本仍不满意，便打开电脑，放了一首王菲的《红豆》：

还没为你把红豆，熬成缠绵的伤口，然后一起分享，会更明白，相思的哀愁，还没好好地感受，醒着亲吻的温柔，可能在我左右，你才追求，孤独的自由……

好友李可打来电话的时候，林潇潇的剧本正好卡在了结尾，删删减减，华丽的空虚后或许是缺了点烟火的味道。

“潇潇，你知道程一鸣要离婚了吗？听说是他老婆出轨了，捉奸在床……他向我咨询律师方面的问题，正好你不是法律专业人士吗，认识圈子里的人比我多……”

半夜，又发来消息：程一鸣要离婚了，如果跟他在一起你才会快乐，你去找他吧！等了这么多年，你还是这么的执着……

林潇潇给编辑通了电话，要求再延长一个月时间交稿，并保证一定完美无缺地完成。

十七岁的林潇潇除了读书，还写一些诗。

那个年纪的她，总在深夜里给电台主持人打电话，每次只点一首王菲的《红豆》。

主持人问她点给谁。

她笑着称点给所有在深夜里还未安睡的人和能听得懂的人吧！

后来，有一天凌晨一点，主持人忽然点到她的名字，称有个男孩给她写了一封信，不知道此刻她是否在听广播，希望她能听得见这个世界上有个人对她灵魂的呼唤……

林潇潇早已把当时的内容忘得一干二净，却独独记得男孩写的一句：大抵世间喜欢写字的人，都是孤独的，不是不善言语，而是看得比旁人更清楚，没有什么是能够永垂不朽的……

写信的那个男孩就是程一鸣，后来成了林潇潇的高三同学。

他带着她去学校周围的书店，买上各种各样的书送给她，但凡是适合林潇潇阅读的书，他总会挑来送给她。

他们会在午后的教室里一起交流听节目的心得。

瘦尽灯花又一宵，他说他看过凌晨的星空，满目星辰，浮生若梦。

周六的晚上是没有自习的，放学后，她便随他到处走。南方多丘陵，走到学校的后山上，那是傍晚，暮色四合，天际微微透着霞光。

她看着他变戏法似的拿出半截蜡烛，点燃，晚风轻吹，烛光在他们手心的保护下灿若星辰。

他说，许个愿吧，就当作是许愿灯如何？

她听话地闭上双眼，对着面前的他在心里许了个长长久久的愿望。

夜幕低垂，蜡烛已经燃尽，那时候的夜色都是漆黑的，微微泛着蓝，繁星落满山坡的时候，夜已很深了。

林潇潇，我们一定要走出去，一定要考北大！他站在星空下侧过脸来对她说。

她看不清他的神情，却能感受到他的热切希望、踌躇满志。

现在想起来，她始终不明白，为什么都已经高三，他们还有闲心做一些幼稚的事情。

她闷在小屋里，埋头无尽的《红豆》单曲循环中，偶尔竖起耳朵，听这座城市里流淌着的散淡的心情故事，不知不觉。灯花尚未瘦尽，这一个夜却也过去了。

雨季来临的时候，南方的梅子方长成微青色。空气里潮湿得像极了醉醺醺的味道，她总是不满南方这黏人般发霉的天气，倒不如一场大雨来得痛快。

他提着木桶走过屋后的山坡，她跟在后面止住脚步停下来望着山坡上正生长的青梅，翠绿色，好看极了。

他放下木桶，伸手摘了两颗小小的青梅，放在她的手心。

梅子还没有熟呢，吃起来有点涩，他转过身继续往前走着。

她呆呆地看着他的背影，攥紧手里带着雨滴的青梅，手心满是潮湿。

时隔十年之久，早该明了当时命运的暗示。他将她送到火车站，列车启动，他的样子渐渐模糊。

他和她岂不就是她手心里的两颗青梅吗？又青又涩，只空余扑鼻的清香，终究不到成熟之时，咽不得。

她没有北上，他也不曾去北大，而是早早辍学没了消息。

同学聚会上，班长过来将一本厚厚的日记本递给她，那是她曾经摘抄纳兰词的日记本。

那个时候，她是喜欢抄写诗词的，他不写，却读了很多。

她便将他喜欢的所有诗词，如数抄了下来，以这样的一种方式送给了他。

酒是喝了不少，放在包里的日记本，终被她随手扔在马路边的垃圾桶里。她摇摇晃晃地回到家，倒在沙发上躺了一夜。

听说，他过得不好，林潇潇还是会忍不住地为他担心。

你看，哪怕不能相爱，她也用了十年光阴将他一点一点、一寸一寸地揉进了骨子里。

她请求法律专业的学长务必帮程一鸣打赢官司，并无须向程一鸣提起自己的名字。不打扰，便是最后的温柔吧。

她忽然想起那年跟他一起听过的《瘦尽灯花又一宵》，每一期都听，从不落下，恍惚间又是哪一年就忘却了呢？

打开电脑，无论如何也搜索不到这个深夜电台节目的半分痕迹，连带着那个声音很有特点的主持人也一同消失不见了。

她有些怅然，心底却也生出几分解脱的意境。

大概，这是他们的开始，也是他们岁月中早已安排好的结局罢了。

便是在时间中冲淡了所有，归于尘土，千回百转之中又始于最初的苍白无力。

就如同一场大风，吹去尘嚣，吹去人烟，吹去凡事的种种，风停之后，一切又归于宁静，像梦一般。

她将修改好的剧本上交之后，一个人躲在房间里单曲循环《红豆》，直到夜色降临，直到月落屋檐，直到双眼干涩，直到手机黑屏，直到周围安静得无声无息……

她依旧记得第一次见到他的场景。他说，我认识你，林潇潇，你就是那个喜欢读纳兰词，喜欢风也萧萧，雨也萧萧，《瘦尽灯花又一宵》电台的那个姑娘……

以至于后来遇见再多的人，看过再美的风景，除他之外，都没有在她心里留下痕迹。

想了许久都不曾下定决心出国读研的林潇潇，这次终于选择了一所并不算好的国外大学。

她想，这是一场给自己十年青春最后的告别仪式，不惊不语，不慌不忙。

瘦尽灯花又一宵，不过是一场带着叹息的西凉曲，偏生自己听着入了迷。窗外月明星稀，夏花结果，好梦入眠。明日又将是晴朗的一天。

大凡成功者，都必须经历三个境界，第一便是“蓦然回首，那人却在，灯火阑珊处”的孤独。

被风吹落的年少

2015年的七夕节，我和闺蜜小七在开封的夜市中不顾形象地大口吃着串喝着啤酒，谈论着大好女青年要不靠爹娘靠自强的豪言壮志。

这时，走过来一个小男孩，朝我说：“阿姨，买朵花吧，只要一块钱，很便宜的……”坐在对面的闺蜜听到“阿姨”两个字后笑得合不拢嘴。

我抬头看了一眼小男孩，两只袖口上沾满了泥土的痕迹，一条深色米奇卡通牛仔裤的膝盖处有着明显擦破的洞口，一双脏兮兮的小手上布满了细长的血痕，怀里宝贝似的抱着一大簇月季花。

公园里随处可见的月季花，还用我掏钱买吗？

本想拒绝，小七先开口了：“小朋友，给我们拿两枝吧！”

我暗暗地瞪了小七一眼，从钱包里掏出了一张五元面额的纸币，小男孩从怀里细心地挑出两支含苞待放的花骨朵递给我，又从口袋里翻腾了半天像模像样地找回了三枚一元的硬币，走的时候，还给我们鞠了一个九十度的躬。

“这孩子多懂礼貌啊，如今像这样懂事的小孩可不多了。”闺蜜颇具感慨道。

“那声‘阿姨’没叫到你头上，就知道幸灾乐祸。”

“谁让你成天摆张严肃的脸，他不叫你阿姨才怪！”闺蜜白了我一眼，将桌上的月季花分给我一支。

那是一支水红色的月季花，长长的绿茎，中间到尾部的青刺被掰得很干净，很光滑，有点儿黏黏的，我伸开手，几缕黑色的汗渍沾在手心里。

我回头看向不远处售花的小男孩，人前人后地不停跑着，不知疲惫，心底忽然微微触动，我掏出包里的相机，捕捉了一张小男孩小心翼翼地护住怀里的花站在人群里叫卖的模样。

去年，市摄影协会举办一场主题为花卉的摄影比赛，我将小男孩卖花的照片取名为《灯火阑珊处》交了上去，获得了市摄影比赛的优秀奖。

以上只是一段闹市的所见所闻，可能不值一提，就像一场萍水相逢的偶遇，散如云烟。谁知道上天又会在哪个拐角处让生命上演怎样的一段插曲呢？

2016年的某天，我骑车去郑开大道采摘草莓，在回来的路上，等一个红绿灯的时候，从我身边的花坛里突然钻出一个人影来，吓得我当即一声尖叫，惊魂未定。

傍晚的天色有些暗，看不出是什么人来。

“阿姨，对不起，吓着你了……”

略显熟悉的声音在“阿姨”那两个字中愈发清晰起来，是那个卖月季花的小男孩。

我载着小男孩停在回民区的胡同口，看着他将在路边摘的几束花抱在怀里，转身进了屋。

这个名叫冬冬的小男孩，刚满六岁。

第一次见他的时候，他正在夜市上卖花；第二次见他的时候，他在马路边的花坛里偷花。

读者看到这里，可能跟我一样想上前去教育这孩子两句，再批评他父母对他不加管教，好标榜自己是一个多么良善有道德的好市民。

很多时候，我们都是太过于自以为是，总是以世俗的标准去评判他人，却不管对方的生命里经历着怎样的波涛汹涌，暗流涌动。

我见到冬冬母亲的时候，她躺在床上戴着眼镜正在绣十字绣，快完成了。

冬冬生活在一个单亲家庭里，与母亲相依为命。

前年的时候，冬冬的母亲被诊断出乳腺癌晚期，原本在超市做促销员的工作被迫辞掉，前前后后找亲戚借的钱也花得所剩无几，病情却是时好时坏。

在这间不足八十平方米的房子里，搁满了各种废品杂物，阳台上摆满了大大小小的塑料瓶，里面种上了几株瘦小的月季花。

“姐，冬冬上学去了？”我将提着的一兜水果放在厨房的桌上，挨着这位80后母亲的床边坐下。

“嗯，大早上的就走了，你来看看，我绣的牡丹花偏色了没？”

冬冬母亲的病，或许还能撑过半年或者更久。

我说明来意，想将此事报道出去，众筹爱心捐款帮帮这对可怜的母子。

这位头发已近全白的女人，形容枯槁，还没等我将话说完，就直接摆摆手，示意我停下。

“妹子，谢谢你的好意，我心领了。我自己的情况到了何种程度我心里明白得很，别再乱花钱了，我也不能死后还给孩子添上债务，做母亲的不能这么狠心……”眼角湿润的母亲终是叹了叹气。

“世事无常，命运善妒，你看我这辈子一直兢兢业业地度过，也没做什么坏事，有一个听话的孩子，还没看着他长大，这辈子的母子情分算是到头了。”

我泪眼婆娑地从窄小的胡同口出来后，骑车路过冬冬的小学。

下课期间，校园里传来孩子们阵阵的嬉闹声，不绝于耳。

站在一年级二班的教室门口，搜寻了半天也不见冬冬的身影，我心里一惊，难道又去偷花了？但老师应该会打电话通知冬冬的母亲吧。

一连问了几个小朋友，才知冬冬被人带去厕所了。

我隐隐约约地觉得不对劲，便找上冬冬的班主任一同寻找。

“你就是一个偷花贼，还骗人钱……”

“我妈说你就是个没爸的野孩子……”

“我们以后别跟他玩儿了……”

还没走到走廊拐角处，便听见这些稚嫩的声音像循环的魔咒一样响起，心里很不是滋味。

背靠着墙的冬冬一言不吭地低着头，任凭面前的小女孩上前扯着他乱蓬蓬的头发。

我胸口闷闷的，哑着嗓子喊了声“冬冬”。

他立马抬头，见着是我，回了声“阿姨”冲了过来抱住我的大腿。

我蹲下身来将他抱在怀里，拍拍他的背，泪水打湿了我的肩膀。

带着冬冬在鼓楼的一家德克士餐厅里吃炸鸡，他小小的脸上尽是皱巴巴的小老头儿模样，低着头轻轻地问我：“阿姨，你真的是记者吗？”

“你怎么知道阿姨是记者呢？”我好笑地看着对面这个拘谨的小男孩。

“听我妈说的。”

半晌，他又抬头看着我，欲言又止。

“阿姨，我不是偷花贼，我也没有骗别人钱，我都说了卖的是花，又没说卖的是玫瑰花。妈妈说，月季是中国的玫瑰……我只是摘了公园的花……”他低着头不再吭声。

“那你还是摘了公园的花啊，花也是有生命的，它是供所有人观赏赞美的，你破坏公物会被说成是不懂礼貌的小孩子。”

“花明年还可以继续长叶开花，可妈妈只有一个。我听护士阿姨说妈妈需要很多钱才能救过来，我只想攒够了钱给妈妈治病。阿姨，我下次再也不去摘花了，你可不可以不要告诉妈妈……”

“好，阿姨不说，这是咱俩之间的秘密。”看着一个孩子带着殷切的眼神看着我，我转身偷偷地抹了把眼角溢出的泪。

这是一个异常懂事，让人心疼的孩子。他只有一个愿望，希望妈妈可以像花儿一样活着，这个愿望简单而又无力。

2017 年春天，我带着冬冬找到了杞县他姥姥家。转学手续已经办理好，我亲自将他送到村小学的教室里，开始他新学期的学习生涯。

我走出学校大门的时候，回头便看见趴在教室二楼瞅着我的冬冬。不一会儿，清脆的脚步声嗒嗒地从楼上传下来，他一把抱住我的大腿，低低地说：“阿姨，我没有妈妈了，你以后可不可以多来看看我，我一定会乖乖地听老师的话，好好学习……给妈妈争口气。”

“冬冬最乖了，永远都是妈妈心中最宝贝的孩子，也是阿姨见过的最坚强的小男子汉，好好吃饭，好好学习，这样的小事儿对冬冬来说一点儿都不难，所以你要快快长大，阿姨还等着你请我吃德克士的炸鸡呢！”我摸摸他的头，心里异常难过。

原来长大真的不是一件好事，一切问题都需要自己去面对、去解决，无法逃避，理想的东西开始一点点从大脑中清除出去，然后让自己一点点变坚强，去接受失败，接受打击。只因为我们要生活在这个社会，这个还让我弄不太懂的世界，总会让我怀念那些被风吹落的时光，就像那天站在灯火阑珊处的小男孩怯怯地对我说：“阿姨，买朵花吧，很便宜的……”

那被风吹落的年少，我相信，终有一天会长成繁花似锦的盛夏。

我不介意孤独，
比爱你更舒服，
很多时候，
我们宁愿一个人孤独，
也不愿两个人辜负。

长在深秋里的荆棘路

2013 年夏天，H 学长大我两岁；2017 年 5 月，我长 H 学长三岁。

H 学长，是我家族里的一个远房表哥，平时并无交集。

一米八几的高个儿，形体极其清瘦，模样甚是清秀，说话时长长的眼睑总是微微上翘，这般的南方男子也着实好看得很。

与外表的突出相比，H 学长的资质平平，也并无特长，在北方的一所专科学校就读。

那一年，他十九岁，青春的黄金时代。

谁也不知道，生命正偷偷地耗尽他所有的岁月余温，直至热度退却，冰冷如铁。

南方的枇杷成熟了，在孩子的收获季节，午后的梦里我见到了H学长，还是我第一次见到他的模样，青春的白衬衫，干净的笑容，连周围的空气都很纯粹。南方夏日的阳光是温热的，大团大团的云朵停在教学楼前的松树下乘凉，小花园里的桑葚落了一地，几只麻雀旁若无人地挑挑拣拣。

他远远地向我走来，将手里一沓厚厚的书本递给我，然后拍拍我的头：“小丫头，好好学习，天天向上。”空气里满满的都是阳光的味道。

难道梦都是反的吗？醒来的时候，窗外孩子的笑声依然在回荡，梦里的一切却是那么的真实，H学长已经去世整整五年了。

H学长喜欢张信哲的歌，他的十几本英语书里没有零乱的笔记，却在每一页的空白处填满了张信哲的歌词。

青涩的少年在百无聊赖的英语课上也许憧憬过未来是什么样子，也许频繁地用眼角余光看向墙上的时钟距离下课还剩几分钟，或许偷偷地插上耳机听着张信哲的歌在英语书上一笔一画地抄下煽情的歌词。

2017 年 3 月 13 日，张信哲的新歌《好好爱个女孩》开始发行。

我在小县城的一所初中见到 F 学姐，H 学长的女朋友。

F 学姐比以前更高挑了，白皙的皮肤，齐肩的短发，一副黑框眼镜，一双五厘米跟的黑色高跟鞋，手里拿着一本英语课的教案。

F 学姐要结婚了，男朋友比 H 学长要壮一点儿，鼻梁塌点儿，个头儿低点儿，皮肤黑点儿，五官也没有 H 学长生得好看。

可是，F 学姐已经二十六岁了。

她再也等不到一个好看的少年陪她走过秋冬和春夏，再也等不到少年翻山越岭要将她娶回家，再也等不到少年唱着张信哲的情歌给她听。

她不是没想过等待，可是这世间再也没有那个少年了。

假如给你一次知道自己死亡时间的机会，你想知道这个时间吗？估计世界上 96% 的人都不想知道这个答案。

因为，有时候不知道也许比知道要活得更长久，而有些人却不得不知道，比如：身患绝症，时日无多。

H 学长患有骨癌，从湖北武汉的医院转到北京积水潭医院的半年里，高位截肢，化疗透析，一头黑色的小碎发掉个精光。

半年的时间，对于常人来说是人生微不足道的一段，却是 H 学长短暂的大起大落的一生，带着绝望而疼痛的疤痕。

半年的时间，H 学长的体重骤减五十斤，癌细胞扩散到胸腔。出院后，在一个深秋的夜里，H 学长安然去世。他走得很安静，没留下只言片语。

我猜，他一定很痛吧。在生命的弥留之际，他一定有很多想说的话没有说，还有很多事情没有做，还有很多人没有见……他依然沉默，念念不忘的生命里再也发不出任何的回响。

H 学长的奶奶坐在门前的桂花树下。月儿高高升起，皎洁的月光使劲地拉扯着万物的身影，淮河岸边的村子里，传来一声凄厉的女高音，那是 H 学长母亲的哭声。

她唯一的儿子，就这样不留念想地走了。

按照我们当地的风俗，年轻人去世，尤其是未婚者去世是入不了自家祖坟的，石碑更是立不得的。

H学长孤零零地被埋葬在荒郊野外，来年疯长的野草很快就掩盖住了当初的新土，少年就这样被遗忘得一干二净了。

F学姐结婚前，我们俩去看了场张信哲的演唱会，位置靠后。现场全是拥挤的人群，我们站在后面看向舞台中央的那团光，已然听不清当时唱了哪几首歌，总归是H学长都喜欢的，带着一个少年的愿望，F学姐在熙熙攘攘的人群里哭红了双眼。

张信哲的新歌出来的时候，我在网上分享给F学姐，相信这世界上会有一个男孩来替代H学长好好爱这个女孩。

谁的青春不火红？谁的青春不曾疼痛过？

转院后，H学长再也没有睡过一个安稳觉。每一个夜晚降临，安静的黑色总是孤独的，闭上眼听不见万物生灵的鸣唱，每一个黎明的重现都是生命里的每一次馈赠。

他喜欢上了史铁生的书籍，在一百多个日日夜夜里不断地与命运对抗，书籍则是他反击的最好武器。他有着活下去的强烈愿望，不曾退让。

他床头摆着一本薄薄的日记本，黑色镶金牛皮的，很老气的颜色，适合写小说。

第一页的空白处写的是史铁生的一段话：

生命就是这样一个过程，一个不断超越自身局限的过程，这就是命运，任何人都是一样，在这过程中我们遭遇痛苦超越局限从而感受幸福。所以一切都是平等的，我们毫不特殊。

淡淡的铅字笔迹，快要淡化了。

我曾在深夜电台里听说过，喜欢用铅笔写字的人，比别人看得更清楚，更通透。

也许，在一个宁静的夜里，窗外月色皎洁，远山青黛，两三只星子在桂花丛中忽隐忽现，只有在这时候，他才会恍惚觉得这是跟往常无异的一个失眠夜，自己也跟常人并无不同。日记本里前前后后抄满了史铁生的文字，字迹很轻，大概病入后期，身体的疼痛抽走了他浑身最后一丝力气。

我们一行人最后一次去看望 H 学长，他的精神状态还是不错的，随后来了很多同学和朋友看望他，他的心情也很舒畅。那天我和他说的话倒也不多，原本想给自己的记忆留些什么，而现在想起来很多事情都模糊了。

但是，我却记得两件事：第一，他当着我们的面给F学姐唱了一首歌张信哲的《多想》：

眼前还有好多事让自己忙，常常忘了身在何方，扑面风一阵，气氛不一样，发现季节已经更换，午夜梦回时，莫名的彷徨，暗自怀念幸福模样，多想再为某人，忙碌和分享，又怕空忙一场……

第二件事是说到生命，H学长对我说：

我这半年想了很多，我普普通通的一个凡人，命运却突如其来地给我开了这样一个玩笑，我也不甘心我的一生就到此结束，我还有很多事情没有做，还有很多风景没有看，如果这是上天对每个人都设置的一道考验，我可以用一辈子的时间去克服、去领悟，只要给我一次机会就好，只要一次机会……

说着，他忽然哭了，抽泣起来：古人云，死生亦大矣，岂不痛哉……

是啊，死生亦大矣！H 学长的生命还未充盈，还承受不起生命所赋予之重，他还是一个只有十九岁的少年。

我没想到，这样一位谦谦君子、温文尔雅的男孩子私下里会哭得这么伤心。

那时候还没有《滚蛋吧，肿瘤君！》这部影片，我们还没有单反相机，也没有遗言交代，更没有挥霍余生的勇气。

那是我最后一次见到 H 学长，也是生命中的最后一次，已成永恒的回忆。

就如同 H 学长在笔记本最后一页写的那样：死是一件无须着急去做的事，是一件无论怎么耽搁也不会错过的事，一个必然会降临的节日。

落笔的时间是，去世前一晚。

我合上那本并不太厚的日记本，像合上了一个人的一生，很重很重。

去祭拜 H 学长的那条小路边，长满了红色的荆棘丛，蜿蜒交错，就像是长在生命内壁的花纹在深秋的背后开出最好看的花朵。

如果我们把每天都过成生命的最后一天，人生也许就不会有那么多遗憾了吧！

活在当下，要勇于追求自己的梦想，不要等到人生最后一刻再来想：为什么不在最美好的时光里做自己最想做的事呢？时间不等人，不要让自己留下遗憾。

第二辑

久别重逢，终是一场无疾而终

离开永远比相遇更容易，因为相遇是几亿人中一次的缘分，而离开只是两个人的结局。我想遇见一个人，他可以天长地久，陪我一起，填满我所有荒芜的时光。

地铁把城市分割成两个世界，
上面是明媚的马路，
下面是阴暗的轨道。

地铁一号线上的情侣

我每天坐地铁在这个城市里穿梭，平时的工作几乎是三个月换一次。也许像我这样的女子，从来就不适合有一份稳定的职业，每天过着自由散漫的生活，在黑夜里写字，用文字养活自己。

这是我第三次在地铁一号线上看到这对情侣，他们每次都从复兴门站上车。

他们穿着校服，上面还印着“北京 ×× 第二中学”的字样。我关注他们很久了。

女孩子通常背靠在车门的位置，戴着耳机静静地玩游戏，清瘦的男孩子用单薄的身躯为面前的女孩儿支起一个独立的空间，眼里的爱意满满溢出。女孩子额前的一缕秀发落在了鼻梁上，嘟起了小嘴向上吹气，男孩儿抿着嘴唇扬起好看的弧度，伸出白皙的手指轻轻地将她那一缕秀发撩到耳后，动作自然而轻柔。

来自地铁里的风，还带着陌路行人的情绪，没有人停下脚步。那对情侣也不知道在哪一站下车了，谁会关心一对陌生人以后又会有什么样的故事。

我从地铁口出来，外面强烈的阳光刺得人想流泪。我眯着眼看着外面这个洒满金色阳光的明媚世界心里却难过得想哭。

那年，我和他，因为爱情留在了北京。

如果不是他，我可以回家乡做一个报社记者；如果不是我，他可以回老家做一名公务员。但为了爱情，我们留了下来。

四年的感情不是说放手就能放手的，我们没有选择劳燕分飞，而是选择了为自己的爱情坚守。

我和他，一个在城东，一个在城西，相见的时间只有周末。

北京 21 路公交的终点站有一个很好听的名字：安华桥北。

那年宋冬野出了新专辑《安河桥北》，嘶哑的声音唱着那首淡淡忧伤的民谣《安河桥》："你回家了，我在等你呢。我知道，那些夏天，就像你一样回不来。我也不会再对谁满怀期待，我知道，这个世界，每天都有太多遗憾。所以你好，再见。"

我坐在橘子胡同的星巴克里写着稿子，听到这首歌，眼睛一下子就红了。

很多个周末，我们就在长安街上来回走着，手牵着手，说说一周的欢乐和痛苦；或者去北京的胡同里看风景，看看老北京人的安乐生活。然后我们就坐上通向安华桥北的 21 路公交，无聊地数着过去的每一站。一个多小时的路程，一个人会觉得格外漫长，两个人又觉得分外短暂。

每次听到广播报站播出安华桥北的名字，我们是又悲又喜。

疲惫的他经常靠着我的肩膀就在车上睡着了。我看着窗外北京城的霓虹升起，光怪陆离，内心泛起阵阵的迷茫与酸涩，再回头看向睡在我身边的他，只剩下无边的心疼与自责。

每次 21 路公交穿过一段长长的隧道时，颠簸的车身总是会把他晃醒，他抓住我的左手，眼里满是怜惜地对我说：“路程还很远，你趴在我的肩上睡一会儿吧，到了我喊你。”

我摇摇头：“不，我不困，我想看着你睡。”

他自恋地咧开嘴笑了，用右手食指亲昵地刮了刮我的鼻子，有一股很好闻的淡淡烟草香气。

公交车再一次穿过长长的隧道，一片漆黑，我靠近他低声地说：“这个时间最适合接吻了。”

“嗯？你说什么？”

我有些窘迫地扭过头，他的手一下子圈过我的脑袋，低头吻住了我。我的心“怦怦”直跳，他浅浅的呼吸洒在我的脸上，我的脸一下子就红了，连呼吸都忘记了。

穿过黑暗之后，车上没有人注意到我和他刚刚发生了什么。他笑着敲了一下我的脑袋：“不呼吸想要憋死自己吗？幸亏是隧道，要是被人看见可就要被说成影响北京市容了。”

在这所繁华的城市里，我知道有很多跟我们一样的情侣同样热血沸腾地为未来奋斗着。这段艰辛而甜蜜的岁月，我在后来的文字里把它定义为那些夏天，就像青春一样回不来了。

我们在长安街上来回地走着，有多少路灯我们都数了一遍又一遍。

北方的冬天真是冷啊，我们站在风里等待对方的时候仿佛全身都冻透了。可去的地方很多，到处开着热风，比如商场里，但那里人声鼎沸不算，总逛不买心理上会有失落。快餐店里买一份东西可以吃上几个小时，但几个小时之后呢？

我们在街角的寒风中，互相搓着手取暖，看着一辆辆尊贵而不菲的跑车从身边奔驰而过。

他握着我的双手哈着气说："安安，总有一天我会在这个城市里，买房买车让你过上好日子。"

后来他打来电话说："安安，我带你去一个温暖的好地方吧。"

那个温暖的地方就是地铁。

他拉着我的手，跑进地铁，花了六块钱买了两张票。环城地铁是来回转的，可以坐上一整天！

我们往往会选择一个温暖的角落待着，吃着自己带来的面包和小零食，他读英语，我看最新的流行小说，累了我就倒在他的怀抱里休息一会儿，没事儿我们就看着形形色色来来往往的人流，试图从他们身上读出不为人知的故事。

没有人笑话我们，地铁里有很多跟我们一样的恋人。

春天终于来了，我从地铁里出来，又开始在长安街上散步。

我和他终究没有熬过那个极其寒冷的冬天，母亲重病，让他一下子慌了神，连夜买了南下的火车票。

我在北京城等了一个冬天，他却再也没有出现。我反反复复乘坐地铁一号线，往人群密集的地方寻求温暖，可是任谁也比不上那个在寒风中捧着我的手不住哈气的男人。

在春天的一个晚上，他在南方以南的故乡给我打了电话，他说："安安，我要结婚了，南方是一个没有冬天的地方，没有寒冷，也没有窘迫。我还是想最后问你一次，你愿意陪我留在南方吗？"

不，我不愿意。我爱的是那个愿意陪我坐一整个冬天地铁的男人，而不是你。

去年北京下了几场大雪，朋友圈里全是各种奇葩的雪人造型，无论成人还是孩子，都充满了惊喜，疯狂地快乐着。可惜其中没有我，因为没有那个为了躲避寒冷带我在地铁里取暖的男人了。

有人说：最好的爱情是厮守一生看人生的细水长流，我觉得应该是携手天涯看花开花落。

大多数恋爱中的男女，都以为可以用一颗永垂不朽的红豆，去换取对方生命的整个宇宙。可曾想过没，红豆也会腐朽，宇宙也有到不了的天长地久。

生活里，我们往往会看到，有些人你觉得他们在一起简直就是天造地设、白头偕老的传说，你觉得他们的爱情会跟所有人的祝福一样美好。可是，几年之后，你便在城市街角的咖啡馆里看到他形单影只的一个人好不落寞，一番寒暄之后才知道在一起的那几年早已把两人的爱情打磨得只剩下一根细小而又伤人的针。

还有些人你觉得他们在一起怎么都不般配，简直牵强附会，你觉得他们的爱情跟所有人的眼光一样不被看好。可是，经年重逢，你得知两人历经生活的坎坎坷坷终于修得正果，依旧如胶似漆、恩爱如初，连一个眼神、一个微笑，都是那么和谐。

我们需要成长，爱情也需要成长。

时光里的你，薄纱遮面

小修的男人是个无业游民，一无所有，毫无前途。

很多人问小修到底看上他哪一点，她骄傲地说：第一，详情请看他的脸；第二，我小时候有个梦想，长大后能够拯救世界，愿望落空后，就改成了拯救失足男青年。

她的男人郑先生则在一旁笑得清风明月。

最坏的你，却赠我最好的爱情。

许嵩来我们学校开歌友会的时候，我们大二。我们挤在荷尔蒙躁动的人群里亢奋异常，小修趴在体育馆外的栏杆上听着现场版的《玫瑰花的葬礼》哭得稀里哗啦。

她说，许嵩还那么年轻，姑奶奶当年可是听他的歌长大的，到头来老的还是我。

明明一句很喜感的话，我听了心里不禁心疼起这个姑娘来。

你看，许嵩还是你青春里的那个许嵩，还是记忆里的那个声音，只是当初和你一起喜欢他的歌的那个少年，早已不在了。

小修说，我终于知道，我和他之间隔着不是一首歌的时间，而是一段叫作赠我空欢喜的时光。

如果，非要给时光两个字加上一个形容词。嗯，就黑白吧。

因为，他们的故事没有后续，只有全剧终。

我们都知道小修有个青梅竹马的男朋友，听说在一起很多很多年，大概早到上小学的第一天都认识了。

彼此见证了对方的一路成长，经过漫长的懵懂，越过滚烫的青春期，行走在深邃的人生路口。两个人最终还是分道扬镳，天各一方。

小修跟辅导员请了一个月的假，化了一个精致的妆容，穿上盛装，只身一人踏上开往北京的列车。

她走的那一天，是她男朋友结婚的日子，在北京。

我们都预测小修肯定是去砸场子了，要不将婚礼上的两个狗男女大骂一顿，心情爽到爆，然后头也不回地离开；要不随身绑个定时炸弹，与他们同归于尽，不得善终。

一个月后，小修风尘仆仆地回来了，噢，还带着左手心里一条触目惊心的刀口。

我们一看，原来校跆拳道冠军也在别人手里栽了跟头啊。

据说是小修在婚礼现场拿着男朋友送的防身的刀无比壮烈地滴血断义，饮血为誓，一个人单挑两名酒店保安，硬是没有人敢上来拉这姑娘离开。

对了，还有小修送上的史无前例的祝福：

一祝你们百年好合，来生做牛做马还要在一起；

二祝你们早生贵子，不论你的他的都是你养的；

三祝我们恩断义绝，我的传奇以后和你没关系。

是的，最残忍的事情莫过于我的传奇，我的余生再也和你没有关系了。

只是，这些跟郑先生又有什么关系呢？

我先给你讲一个故事吧。小修第一次端正地坐在我面前，像个说书人。

三月的北京，春风得意，莺飞草长，长安街上满是柳絮纷纷，她的心头却如同六月飞雪。

她漫无目的地走进大学城旁边一家叫作“情殇”的KTV，点了一个包间，一堆酒水，不由分说地几杯酒下肚，服务生进进出出端水送酒，调试音麦。昏暗的灯光里，那只鲜血淋漓的玻璃杯显得格外诡异。

她一个人一遍一遍地唱着许嵩的歌曲，略带嘶哑的声音配着近乎崩溃的情绪，巨大的悲伤填满整个房间，越唱越多，越唱越难过。

第二天醒来的时候，左手上的伤口已经被简单地包扎过了。

那个服务生，就是郑先生。

他见过一个人来唱歌的姑娘，却从来没见过带着伤不要命来唱歌的女生；他也见过喝酒的姑娘疯疯癫癫地霸麦，却从来没见过霸着麦一边唱还一边骂个起劲的姑娘。

很显然，这姑娘就是小修。

郑先生在门外的走廊里守了小修姑娘整整一夜，零零散散地从小修的嘶吼中理清了这个姑娘身上的故事。

到帝都参加男朋友的婚礼，新娘却不是她，连一张请帖都没给过她。

这剧情真是太俗套了！狗血至极！

可郑先生还是在“老娘都打算好了要和你四海为家，你却说你忽然不喜欢我这放荡不羁的野马”一句中晃了神。

大家都是在尘世里打了几个滚儿的人，早已过了耳听爱情的岁月，再次听到这样青涩的告白，他竟然还会心动。

听着她歇斯底里地吼着“她能给你生孩子，我也能啊”，心里蓦然无比心疼这个姑娘。

毕业后的小修在北京一家广播电台做主持人，深夜里用孤单的声音播着一档叫作《瘦尽灯花又一宵》的节目，在夜色中绽放自己无与伦比的美丽。

两年后，小修的前男友离婚了。

孩子不是他的。

小修的这张乌鸦嘴真毒！

我们在北京西单吃饭的时候，小修半晌才低低地说：“我高中时在医院碰到过他女朋友，是一个男人陪着她的。我猜那个时候她不止勾搭过他一个吧。”

许久又自言自语地说了句：“他真是个大傻瓜。”

我们在一旁试探地问：“你不会是旧情难忘，想死灰复燃吧？”

“哈哈，我要是真的放不下他，当年我在现场他根本就结不了这个婚。每个人都有自己的骄傲，何况，我也希望他能够幸福。”

那一晚，酒量最好的小修竟然喝醉了。语无伦次地反复唱着跑调的《有何不可》：为你唱这首歌，没有什么风格，它仅仅代表着，我希望你快乐。为你辗转反侧，为你放弃世界有何不可……

我知道，这一次，她是真的要告别了。

告别仪式是难舍，也是成长，是飞蛾扑火后的重生。

小修还是会隔三岔五一个人去“情殇”KTV，静静地听几首歌，喝几杯酒，她在等那个为她包扎伤口的服务生。

虽然不抱什么希望，还是来碰碰运气，跟这位陌生的男人道声谢。

她也不知道为什么要有如此执念，后来她想大概是他愈合了她那道血淋淋的伤口，止住了痛入骨髓的悲伤。

在一次深夜节目中，她嘶哑的声音开始讲述这段算不上萍水相逢的故事。她说她很感谢这位服务生，谢谢他在她最难熬的时光里，用一块纱布遮住了她的伤口，让她明白了从此要好好地去爱自己……

夜色正浓，窗明几净，月光流转，有听众留言，其中有一条吸引了她的注意：你是草原上放荡不羁的野马，终会有人陪你四海为家。

她回他：当年的月色茫茫，你别来无恙？

许久，没有等到回复。

坐在昏暗的角落里，看着 KTV 大厅里的人来人往，百无聊赖。

“小姐，去年的风景如常，我安然无恙。”

这就是小修和郑先生的故事。

我们在婚礼现场上起哄：“小修，你怎么在人海里就能准确无误地找到郑先生呢？”

小修眼一横：“怎么？想砸老娘的场子是不是？”

转眼瞥向身旁的郑先生：“说，怎么就是你？”

郑先生宠溺着看着快要炸毛的小修，莞尔一笑：每一段感情都不是缘分，而是一个人对另一个人努力的结果。

当年的惊鸿一面，让郑先生趁小修在包厢里睡着的空隙，偷偷地留下了她的所有联系方式。在她难过的时候，发匿名的短信；开心的时候，点赞她的朋友圈；工作的时候，关注她的节目……节日的时候，送她美丽的花儿；孤单的时候，送她可爱的金毛……

我们在下面听着郑先生的告白，感动得稀里哗啦。

小修紧皱眉头，半天才吐出：“等等，你是说我捡的那只二哈样的金毛是你的？”

郑先生眉毛一挑，斜瞅着她：“难道还有谁会把金毛装在箱子里放在你门外等着你捡？”

“奶奶的，我就说，我怎么老感觉这条狗跟你以前就认识。狼心狗肺，让老娘养了这么久，还不敌一个外人，原来是老相识！”

郑先生的脸，黑得能滴出墨水来了。这女人，听到这儿不应该是感动吗？

噢，对了，郑先生在家承包了所有的家务，还开了一个淘宝店赚赚外快。

其实，两年前他就已经成了“情殇”的幕后老板。

时光里的你，薄纱遮面。这是她和他的传奇，也是每一个你的故事。

后来，
这个词残酷地提醒着我们：
永远不要和往事争斗，
我们不是对手。
后来告诉我们只会被时间越拖越久，
直到宣告青春进入晚期，
而我们却只剩下无能为力的沉重叹息。

听说，你最后娶了一个和我一样的姑娘

我很害怕身边经常有这样的声音：

“越长大越老得快，再也没有力气从头到尾去爱一个人了。”

“我已经过了追一个人追很久都不放弃的年纪了。”

“我都二十好几了，我想这辈子都不会遇到对的人了，再也没人爱了。”

每当听到这些所谓的抱怨，我都觉得挺心酸的。

心酸的是，我们明明才二十几岁的年纪啊。在这样一

个快节奏的世界，我们对于爱一个人的耐心好像就要消失殆尽了。

我们面对爱情越来越像公司的HR，面试着来来往往的职场老人新人，今天坐在这家的餐厅里，明天坐在那家的餐厅里，跟不同的男女问着相同的话题。

“有房有车吗？”

“你有什么兴趣爱好？”

“婚后还和父母住在一块吗？”

有没有一瞬间忽然想回到校园时代，想到那个让你面红心跳、慌乱不已的少年？想到如果时间可以重来，我一定死都不放手？

同事夏木今年过完生日就正式奔三了，她是一个慢热的人，在父母和朋友反复催婚的高压下，面试了一个又一个的相亲对象，有试过在一起处处看的，有直接Pass掉的。她是一个很保守的人。

我问她以前谈过恋爱吗？喜欢过一个人吗？

她说，当然有啊，我现在找结婚的对象就是按照他的标准挑选的。

我很惊讶她的想法，后来仔细想想也挺对的。

我们这个年龄的女孩子认真地爱一个人，一爱就是好几年，将自己的心都掏出来与他分享，那几年最空白的时光装的全是他的影子。忽然在你生命里住了好些年的他一下子就不见了，任谁都不愿意将自己的心事同与他无关的人再经历一次，再谈一样的情，说一样的爱。

不管以后遇到多少比他优秀百倍的男人，我们还是不自觉地会将眼前的人与记忆里的他做一番比较，试图透过对方身上找出他的半丝影子。

我谈过两次恋爱，第一次谈恋爱的时候，太认真也太用力，两个人在这场爱情探险中像两个没有方向的瞎子一样摸索着蹒跚前行，后来，我们都跌得伤痕累累，一触就疼得掉眼泪。一直到再也无法相拥而立，我们没有再在一起过。

我和现在这个男朋友，关系很融洽，用相敬如宾来形容再贴切不过了。我们每天每周每月都照例履行情侣之间的义务，一起吃饭，一起逛街，一起看电影，给对方打电话，过节日送礼物。这一切看似再正常不过的事情，总让我觉得两个人之间好像少了些什么。

这份爱情谈不上讨厌，也说不上喜欢。

我深夜里和姐姐聊天，问到她这个问题，现任男友对我很好，好到我无法挑剔他半分的不是，可是我总觉得爱情不是这个样子，但具体是什么样子我又说不出来。

姐姐很久才回复我：可能第一个出现在你生命里的他，才是你爱情最初的样子，最权威的定义，自此以后遇见的再优秀再好的在你眼里都是赝品。

我还记得去年去参加前任的婚礼，坐在我旁边的同学忽然扭过头看着我说："你没觉得新娘长得很像你吗？特别是笑的时候。"

我本就泛不起半点涟漪的心忽然咯噔一下，不自觉地盯着台上依偎在他身边的新娘看。新娘全程保持着浅浅的微笑，两个深深的小梨涡，薄薄的樱桃唇，新娘长得的确和我有三分相似。

我的胃里五味杂陈，想立马从婚礼上逃离。等到他牵着新娘的手来给我们敬酒的时候，微笑地对我说："谢谢你能来，其实我还真怕你是来砸场子的，这杯酒我先干为敬。"

站在他旁边的新娘给我斟满一杯红酒："我经常听他提起你，很感谢你能前来参加我们的婚礼。其实，我很羡慕你是那个陪伴他走过青春年华的女孩。"

记得当时年少，我们的约会地点永远都是那个聚集很多老头练太极、老太太跳广场舞的小公园。也不知道那个时候怎么会有那么多话要说，聊老师聊同学聊天文地理聊现在和未来，然后我们再走一个小时的夜路赶回学校，他定要坚持把我送到宿舍楼下，看着我上去。

现在想想，那个时候自己到底是有多矫情啊，明明可以花上一块钱坐着直达的公交车回校，偏要和他深一脚浅一脚地走上一个小时的夜路；明明男女宿舍隔得并不远，非要任他被宿管阿姨呵斥给我送上宿舍大厅。

明明矫情得要死，心里却甜得腻死人。

实习的时候，他去了上海，我留在了北京。

从学校走的时候，他再次问我："你确定不让我陪你留在北京？"

我心里明明很想说，留下来吧。可还是嘴硬说："你走吧，我一个人在北京没事。"心里百般纠结，想他应该能温柔地对我说，"傻瓜，没有了你，我还挣什么钱？买什么房子？只要跟你在一起就好。"

结果，他果真买了票南下了。

还有一次情人节，他给我打电话说："公司放三天假，要不要我飞到北京去看你？"我满心喜悦，想想最后还是言不由衷地跟他说:“别来了吧，飞机票那么贵，你的工资本来也不高。”可脑海里却幻想着，最好明天他就突然给我一个大惊喜，出现在我面前，真浪漫。

结果，他确定我的意见后，第二天没有出现，花店给我送了九十九朵玫瑰，同事都羡慕不已，他打来电话，问花还喜欢吗?我淡淡地“嗯”了一声，只有天知道，那一刻我是有多么的失落。

可，这些明明就是我自己要求的啊。

你看，我在这场爱情里，是不是太矫情?自己一个人在这边臆想，他一个人在那边怎么也猜不透。

后来，我们不在一起了，重新看这份爱情，忽然就懂得了许多。

他说，如果当初自己能够聪明一些，霸道一些，你也就不会对我那么失望了。

我回他，如果当初我能够跟你说明白一些，直接一些，你也就不会在这场爱情里这么累了。

他说，有时候想着没准儿这辈子就爱过你一个人了，回老家相个亲结个婚，这辈子也就这样了。只是后来遇见了一个跟你一样的姑娘，又仿佛跟你不一样，笑的时候就是另一个你，她跟你一样喜欢田园风格的碎花裙，喜欢将头发编成两条辫子，喜欢吃热干面的时候往里面淋一杯白开水……她跟你不一样的地方，就是她很会撒娇，但坚强起来又像一个大人……

青春里的分分合合，无限的割舍与藕断丝连的伤害怎么可能让一个人当作任何事情都没发生过一样，怎么可能将那些在一起的时间像涂鸦一样擦除掉？或许那些关于你关于我的爱情让你难以放下，或许那些可有可无的过去让你无法释怀，又或许再怎么不舍也不可能在一起。那些青春只能留给曾经，只能用来祭奠我们的后来，我们无法在一起，是因为我们中间隔了一段长长的波折的青春。

婚礼结束后，我的现任男友程先生就在酒店外面抽着烟，也不知道他等了多久。看见我出来，他连忙把烟掐掉，向我走过来，我一下子抱住他，熟悉的气息莫名地让我心安。他一怔，也反手抱住我。

我闷闷的声音传来：“听说，他娶了一个和我一样的姑娘。”

很久，他才低低地傻笑着：“那他是不是该羡慕，我才是那个陪你度过余生的男人。”

你一定要过得和照片中一样好

昨晚又失眠了，想起了他。

早上起来，手机里重复循环播放着《等我先说》。

这么大的 City，却容不下我和你

我只想和你在一起

我再也找不到曾经的自己

遇见你以后生活重新定义

历经百般洗礼，却换来百感交集

或多或少我无能为力

……

初次见他，是在四月的一个午后。

夏意浓浓，陆家老宅里的蔷薇初开，花娇如霞，香飘十余里。

她趁家人歇息，翻过二楼的阳台，捧着一本古风小说跃坐在四月芳菲的人间。

那书中有座青山，青山上有雪，青山下有个姑娘，姑娘喜欢看人，她盼望着其中有她的意中人。待到她嫁给世间最好的儿郎，便有人会等她长大，有人带她去看海底的白珠、悬崖上的红花，喜欢她喜欢到打仗吃酒读书抚琴都忍不住带在身边，山高水长地过一辈子。

“哎，小心！”急促地吼声从远处传过来。

还没来得及寻找声源出处，一只篮球直直地砸了过来，她下意识地用拿书的右手反手一扣。球在水泥地上弹跳了几下就被追赶过来的人抱在怀里。

“同学，你的书掉了。”他拾起那本被她用来挡球的书，站在她家楼下，抬头看着坐在二楼阳台上的她。

很久以后，他还是能清楚地记得，那个寻常的午后，微风中树叶一直在“沙沙”作响。他长久地凝视着她静默的脸，连呼吸都慢了下来。

她一言不发，走到他面前，站定，伸出右手掌心。

那双手白皙，修长，干净得如同投射在两人周围的阳光般鲜活明亮。

他酝酿了无数俗套的搭讪方式，在她淡漠地伸出手的那一刻全部分崩离析。

她走过的那一瞬间，影子被拉得极长、极久。

空气中飘来一阵浓郁的花香，他嗅了好久，才看见二楼阳台上爬了满墙的蔷薇花。

那天的蔷薇开得正好，他忽然就爱上了它。

他在老人口中辗转打听到她零零散散的消息：陆长笙，七岁被陆家从福利院带回来的养女，品学兼优，多才多艺，知书达理，乖巧懂事。

他想起那天捡起来的书，是一本叫作《杨柳青青》的话剧小说，如果没有记错，该是一个悲剧故事。她淡漠的脸庞上毫无表情，这应是一个多愁善感、敏感孤僻的女孩子吧。

自此他每天准时在篮球场上挥洒着汗水，用着自以为最帅的姿势扣篮，只为抬头就能看得见二楼阳台上的那抹倩影。

暑假很快就过去了，她也不见了。

两年后，他终于转到她所在的一所市高中，此时高考迫在眉睫。

每天他都能看得见她和一个男生一同上下课再一同被一辆部队的车接走，他紧紧地捏着手里的照片，然后又小心翼翼地夹进书里，沉默许久。

蔷薇花快要凋谢的时候，他又看见了她。

他一口气跑到她家楼下，控制不住内心的欢喜："陆长笙，我有书你看不看？"

楼上的姑娘，碧色的亚麻裙，头发长了许多，云淡风轻地看了他一眼。很久，楼上才飘下了几片蔷薇花瓣，他知道她来了。

这是他喜欢的姑娘，有着让人心疼的模样。

但是他却猜不透她的心事，明明笑得那么暖，眼底却一片冰凉。

她刚满十八岁那年，偷偷地跑回福利院打听自己的身世，在心底她终究是一个被亲人抛弃而得不到爱的孩子，虽然养父母将她视同己出，但她清楚没有血浓于水的感情终究暖不热她的心。这些年她努力地活着，高傲地生长着，优秀地成长着，活在养父母的欣慰里，长在同学的羡慕中，她同样害怕有一天她所拥有的一切会消失，她还是会一无所有，只是没有人看得到她心底的卑微。

她更想站在亲生父母的面前，只问一句“为什么就不要我了？”

那是北京通州郊区的一条老胡同，只容得下一辆三轮车进出。漆黑的胡同里，低矮的红砖屋檐，极低的方形窗口，零零散散晾晒在阴影中的衣服，青石板上随处乱扔的生活垃圾。她一低头，脚上那双白色耐克鞋已经染上点点污迹。

她终于在这个叫作西堂子的胡同里找到那扇锈迹斑斑的铁门，院内有棵遮荫的大枣树，还有升起的缕缕青烟。

孩童的嬉笑声由远及近，一个头发半白，穿着脏乱破旧衣服的妇人蹬着同样破旧的三轮车从拐弯处驶来，离她越来越近。车子里摞着高高的发出异味儿的废品，坐在那堆垃圾上的孩子眉眼和她竟那么相似。

她忽然就失去了质问的勇气，躲在暗中看着那扇铁门开了又合，发出苍老而沉闷的回声，撞击在她早已湿润的心上。

回到家后，她将自己攒下来的压岁钱一张张数好，将养父母给她买的穿不完的新衣服打包叠好。隔天偷偷地溜出来，乘坐着公交，跨越大半个北京再把打包的东西放在铁门前。

她在他的面前轻描淡写地说起来后，他一声不吭紧紧地握住她的手，冰冷刺骨。

终于有一天，她被铁门后的主人发现了。她坐在漆黑的木椅上，拘谨地握紧白色裙子的下摆，像一只稀有动物般被一屋子人观看，那个妇人甚至还客气地给她倒了一杯水，男人坐在门口抽着烟一言不发，比她大一岁的三姐姐目不转睛地看着她身上价格不菲的雪纺裙，年纪略小的幼弟在一旁嘀咕着“漂亮姐姐”。

她带着那个有着血缘关系的三姐去西单逛街的时候，三姐穿着一身崭新的衣服用发酸的语气说：“真是羡慕你啊，能有这么有钱的养父母，如果当初是我就好了。哎，那件衣服好看，妹妹你帮我包起来吧……”

她拿着养父母给她买衣服的钱，为她的姐姐花了近千元，看着手里剩下的五块钱。没由来地一阵难过，她还记得那个妇人直截了当地说：“既然攀上了有钱的人家，以后就多多照顾你的姐姐和弟弟，也不枉我怀胎十月生下了你……”

只是没有人关心她这些年过得好与不好，幸与不幸。

她和他都留在了本市的大学，无须住校。

他知道她的事情，也从不多问。每每她的三姐来校找她的时候，他总是陪在跟前张罗着。

时间长了，还在高三的三姐找她的次数勤了，让她发现了一些端倪。她为他夹菜，和他低声地说话，连看他的眼神都是温顺的。

她趁他买饮料的空隙，婉言提醒三姐不要逾越大家的关系。

三姐嗤之以鼻地说："难道路远没告诉你吗？哦，也对，你才是他的正牌女友嘛。我充其量算你们的小三。不过有的事，你还是知道的好，我怀了他的孩子，还是他找你借的钱，才帮我引产。啧啧，大医院的水平就是不错啊。"

站在身后的他，一脸苍白。

她淡漠地看着他，如同他们第一次相见："我借给你的钱呢？"

他惊愕。她问他，钱去哪儿了，而不是这一切是不是真的。

"我……长笙，你听我解释……"他着急地抓住她的手，冰冷刺骨。

"我不需要你的解释。"

原来他已经不值得她去问了，是啊，她本就是一个高傲的女子，一如初见。

“长笙，你听我说，不是她说的那样……”

“啪！”她第一次甩了他一耳光，用尽所有力气，决绝而冷漠。

她不能忍受她最爱的人和最亲的人一同伤害自己。她知道，抬手的一刹那，所谓的爱情已经奔赴巨大的死亡。

回到家，她第一次向养母撒娇，嚷着要跟母亲一起睡觉。养母轻拍她的背，像当年从福利院抱回来的第一晚一样，安心而宁静。这是世间赐予她仅剩的爱，她用力地抱住养母。

“妈，我爱你。”

黑夜里，她终是泪流满面。

她坐在飞机场的咖啡厅里，他撑着一把黑色的伞向她走来。

“对不起，长笙，我来晚了。”

她开心地快步走过去，幸福而美好。

我来的时候，长笙趴在桌上睡了许久，腮边还带着泪。

她说，她做了一个很美的梦，像真的一样。

后天她就会飞回日本，养父母去年跟着哥哥定居在英国，她明年结业也会过去，短时间内很难再回国。

我看着台上的新人，新郎帅气，新娘明丽，般配如斯。

身边的她独自品着红酒，脸上看不出一点儿情绪。

回到酒店，她收到一件同城快递。

一朵干蔷薇，一张早已磨边不成样子的照片。

那是她和他第一次相见的场景，还有浓郁的花香。

她低垂着脸，坐在阳台上，夏日恰好，微风习习。

照片背后，有他遒劲的字迹：你一定要过得像照片中一样好。

她站在北京的郊区，原来的大片老胡同早已拆迁不复原貌，路人都不知晓这里曾经有个叫作“西堂子”的胡同。

那个铁门后的一家人，还有那个有血缘关系的姐姐，就像凭空消失了一样。

她想起她看的那本书，那书中有座青山，青山上有雪，青山下有个姑娘，姑娘喜欢看人，她盼望着其中有她的意中人。待到她嫁给世间最好的儿郎……

夏日炎炎的午后，她蹲在街边放声大哭。

失恋，是一场不痛不痒的病

和奶奶吃饭的时候，不自觉地聊到感情这个话题。她语重心长地说，谈恋爱要找个对你好的人。

我问，什么叫对我好的人？

她说，对方可以没有钱，有了你就想着努力挣钱；天再黑，能接你回家；夜再冷，能给你暖被窝……

那爷爷是这样的人吗？

她摇摇头，眼神暗淡。

发出分手短信的一瞬间，并没有想象中的那么难过。

站在洗手间的镜子前，补妆，殷红如血的口红，很有感觉，然后头也不回地走出 KTV。

今年的九月份，和 A 长谈了一夜，最终选择了分手。

这场谈话的主控权在他手上，他滔滔不绝地分析这场感情的利弊，走的时候还送我一句规劝“以后别那么冷漠”。那时候一言不发只忙着点头的我脸上的确挂着一副“生人勿近”的表情。

可谁能想到呢？回去的路上我就哭成了泪人。

原以为只是一场简单的分手，满心指望着时间可以治愈伤痛。哪知时间并未治愈伤痛，又带来了另一个麻烦。

那就是，失眠。

A 常年有熬夜的习惯，每到十一点我就开始催着他睡觉，他不是“刷微博”，就是“打游戏”，然后话锋一转，催我赶紧休息。我身体不好，不适合熬夜，他一直都知道。

于是，就以这样的状态过了几个月。我也不知，那些个无人陪伴的夜里，有没有一条微博给他的深夜带来一丝乐趣，也不知他在深夜里思念着谁。

我一直没有机会问 A 一句，你到底是喜欢陪你熬夜的人，还是会爱上一个催你早睡的人呢？

可，如今已经没机会了。

哪知，现在我会患上他的毛病。

在辗转难眠的夜里，手机屏幕亮到大半夜。偶尔深夜里转发一条微博也能得到 A 的一个赞，却再也没有听到他说“早点睡”。

自从分手之后，我们就成了陌生人，喜怒哀乐皆与对方无关。

我想，深夜里睡不着的人心里都装着一个放不下的人吧。

12 月 2 日，日本动漫《你的名字》在国内首映。

八点零四分，我从奥斯卡影城出来的时候。边缘的北方小城，街道上萧条陈旧，冷风穿过枝丫，吹进冬天的季节里。

忘了你的名字，却终究忘不了你的样子。

凌晨两点，在朋友圈里发了这句话，并分享了《前前前世》这首歌。

几分钟后，显示了一条评论：如果不曾相遇就不会有故事。

打开微信通讯录，果然看见一条消息，晴姐发过来的。

“怎么还不睡觉？”

“失眠。你呢？”

“差不多吧。”

不一会儿，她发给我两张图片，是郑州大学第一附属医院的汉密顿抑郁症量表和焦虑症量表。

诊断结果，患有严重的抑郁症和中度的焦虑症状。

整天睡不好觉，一睡着就会做噩梦。

我不知道该如何安慰她，或许所有的语言对她来说都是苍白且无力的。

去年大三实习结束的时候，晴姐与相恋三年的男友分手了，男友在学校安排实习的两个月里出轨同系的一个女生。

晴姐打电话对我控诉："我们在一起三年的时间还敌不过异地实习的两个月……"

我安慰她，"管不住自个儿的男人，你还为他哭个啥？"

她说："你说的，我都明白。就是觉得那是我三年的青春时光，忽然什么就没有了。你说，要是当初跟他一块儿去了上海，会不会我们就不会分手了……"

彼时的晴姐在郑州一家报社实习，她男朋友在上海一家公司做销售。

她有她的追求，他也有他的考虑。

晴姐说，分手的那一天，她一个人在报社编辑部加班，排其中一版的版面，晚上十点之前就要发回北京总部。他电话打过来的时候，声音还是那样悦耳。

他平静地宣布这场爱情的终结，她安静地接受这场谈判的结果。

挂掉电话的那一刻，迟疑了一会儿，继续对着电脑校对新闻稿。下班的时候，微笑地跟楼下的保安道声谢谢。

回到出租屋里，转身关门，低头开灯的瞬间，泪流满面。

她在深夜里给我讲着她的故事。她说：“你知道吗？其实，他是我的初恋。”

实习结束后，她开始形单影只，一个人吃饭，一个人打水，一个人上课。三年的时间，忽略了与室友的关系，却为了他将自己所有的习惯与之同步，而现在却无论如何也融入不到宿舍的圈子里。

她的话越来越少，也无人倾听。

离开他以后，她真的将生活活成他的样子。

夜里，在床上翻来覆去地睡不着。进了他的空间，她鼻子一酸，他的空间里将她所有的留言、说说，以及秀恩爱的照片，删得一干二净。

还有去年他们逃课去上海看刘翔退役的现场合影。

她以前总是喜欢在他空间里面留言，各种“宝宝爱你”“我们会一直在一起”“一起奋斗”，他从来置若罔闻，她始终乐此不疲。而如今，他却在另一个女生的空间里殷勤地写着她曾经问候他的话。

想想，就心酸吧。

我安慰她："幸识君生面，为一个人渣有什么好伤心的！"

她说："就算你现在告诉我，他是一条狗，我特么也爱了他三年。"

我依旧失眠着，她依旧抑郁着，我们在深夜里孤独着。

《你的名字》上映后，我们都去看了首映。她在郑州，我在南阳。

"你还相信爱情吗？"

"相信。这个世界上一定有跟我做着同样一个梦的人。"

"那，要不我们去旅行吧？"

"你想去哪儿？"

"你呢？"

"日本！"

"日本！"

说走就走的旅行，半个月前回了老家办了护照，再去郑州取了护照。我们订了从郑州出发的机票，她背着一部佳能摄像机，我拖着一个小型行李箱。她联系好在东京大学留学的朋友，我规划好了去日本最节省花费的路线。

准备好了这些，我们在机场里看着对方捧腹大笑。

“这感觉真好！”

“很像私奔！”

八点三十分，我们登上了郑州到东京的直飞国际航线，窗外阴霾天空，隐约雷鸣。

十二点二十分，我们历经四个小时抵达日本东京，晴空万里，阳光恰好。

友人陪同翻译，我们一行人在东京大学碰面。

异国他乡的冬天，没有樱花纷飞的街道，三三两两的行人，我们在一家美食店里吃着大阪烧，大口大口地喝着高清水，灵魂在陌生的国度莫名放空，心里无比地宁静，耳边全是酒杯碰撞的声音。

几天后，我们去了北海道西南部一个叫作“小樽”的城市。据说是电影《情书》结局取景地，悠长的小运河，沿岸还是保持着煤油路灯，夜晚漫步，仿佛置身于怀旧的影片中。

十二月份的冬季，些许寒意。在古老的街道上走走停停，什么都想记录下来，也什么都想感受一番。

第二天，我们乘坐缆车去了天狗山。

《情书》的最后：渡边博子站在冰天雪地里对着空山反复

地喊着“你好吗？”

间隔影片十一年，我们此刻就站在空山上，没有雪。

晴姐说，我们再多等几天吧！最近几天会有雪。

等了好几天，还没有下雪的征兆，我们计划再待两天就离开。

第四天的清晨，晴姐照例打开宾馆的窗户，雪花纷纷扬扬。

她站在窗边，久久不曾转身。

大地上，远处的山上，白茫茫一片，如同心底一般空旷。

在这寒意初现的冬日里，她像渡边博子一样对着空山呐喊，祭奠着逝去的爱情，以及回不去的青春。

深情的女子，像沉默的雪，绵延浩瀚。

“你好吗？”

“我很好。”

半个多月的旅程结束后，我们各自又回到了自己的城市，按部就班，走入各自的人生。

前一段时间，晴姐在朋友圈发了一条说说，我很喜欢。

那句话是，失恋不失志。

第三辑

翻山越岭，你有你行走的江湖

人生苦旅中的相遇，是一份意外的惊喜；相诉，是一阕优美的断章；相惜，是一种情意的升华；想念，是一种别样的美丽。缘为何来，莫问因由。只愿，就这样，且歌且吟，且行且暖，且暖且惜，啜几行平仄的诗文，沐浴似水流年，一杯香茗，两份挂念，一半云游，一半落异乡，共守淡然。翻山越岭，我们各自行走自己的江湖，道别离，请珍重。

别再用下辈子来安慰我

我明白你的痛，你被爱伤得很重。

我高中才开始我的第一次恋爱，对方是一个如风的少年，谦谦君子，顾盼若兮。

那段爱情两个人都处得小心翼翼、温情脉脉。我还特意开了一个博客，没事儿就喜欢在上面记录恋爱的心情和经历，有人看见觉得好玩儿就评论转发。久而久之，总有一群网友深夜跑到我的留言板里写祝福催更新。

但好景不长，这段恋情跟妍丽的蔷薇花一样盛放在最热烈的夏季，终究在严霜来临之前枯萎了。

少年被爱丁堡大学录取。在机场的休息室里，他依然是那个谦谦君子，只是再也不是我的恋人了。

他回过头说：我们分手吧。如同嫌犯还没来得及申辩就被直接宣布了死刑，我惊讶地看着他。

他顿了顿又补充道：我们中间是抵不过四年的缺口的。

这场爱情保卫战里，他就像高高在上的王，而我就是那卑微到尘埃里的一朵花，我丧失了所有的话语权。他连问我愿不愿意等他四年都没问，就直接硬生生地扯断我和他之间的所有关系。也许，我真的愿意等他四年？

可是，他连问都没有问。

我深夜里失眠，就在博客里写各种各样的话语自我安慰，很多跟我一样未眠的姑娘跑到我的留言板里问我：你还相信爱情吗？

信吗？应该还是信的吧，这个世界上适合做我男朋友的有千千万万，也不差他一个，对吧。

但是，心还是好疼啊。

曾经说好的永不分离呢，说好的余生奉陪到底呢，我都准备好了要与你一起浪迹天涯，而你却只说了一句：对不起，我们分手吧。

很多姑娘告诉我，因为前任是渣男，就再也不敢接触男人了；因为前任的背叛，就再也不敢相信誓言了；因为一段溃不成军、丢盔弃甲的恋情，就再也不敢希冀爱情了。

她们说，再也不相信爱情了，被伤得太深了，也爱不动了。

我还是要说，不要那样。此刻不管你承不承认，有些人走了，就再也不会回来了。

我一直相信，也许遇到的不一定都是最好的，但离开的一定都不是最爱的。

在爱情里，我们似乎都变得那么没出息。我们说好的即使要分开，也要装得很酷才行。你说你要走了，我忍着内心的万般难受，说，祝你幸福。

是啊，人的嘴巴都是很伟大的，尤其是在爱情里面，你说祝我幸福，我说希望能有一个更好的人来爱你。

可是你知道吗？

你陪着我的时候，我从没有羡慕过任何人。如果我羡慕一个人，那也是因为陪在那人旁边的是你。

不爱了就是不爱了，为何还偏偏无比温柔地说，下辈子再来爱你。

如果真的这般舍不得，为何还要等到下辈子？这辈子不行吗？我正好有大把大把的时间呀。

你将下辈子赊给了我，却没有想过我愿不愿意。

爱情里最伤人的，就是明明不爱了，这辈子不可能再在一起了，却还拿下辈子来安慰我。

木子姑娘是我在大学认识的一位好朋友，她和她的男朋友在一起四年，可是后来还是分手了。

前段时间，我们一起在咖啡店聊天，我问她最近生活得怎么样，她说挺好的。我说感情方面，有没有遇到合适的男生？她摇摇头说：“自从林走了之后，我很难再对别的男人有好感，一年多过去了，还是无法忘记他。”

我劝他：“都过去这么久了，你可不能再这样念念不忘，你应该调整一下自己的状态，重新找寻更好的人不好吗？”

木子说：“你说的大道理我都懂，可是我根本忘不掉他。无数个夜晚，我都会梦到他，梦里的场景就跟真的一样。他还跟往常一样爱我，我们在大街上嬉闹，在大风中拥抱，在凌晨看电影，每一场梦都是那么美好。醒来的时候，他又是那么清晰地住在我的脑海里。”

对啊，忘掉一个人哪有那么容易，就像歌里唱的一样：

“我和你断了联系，不代表我不想你，多少次我告诫自己，不再为你流泪到一败涂地。”

木子说：“还是忍不住地经常去空间里看他的动态，每次偷偷地进入他的空间，像一个没有任何企图的小偷一样，走的时候消除所有来过的痕迹。深夜失眠的时候常常悄悄地潜入他的微博里，看他发了什么心情又关注了什么人。”

她说，就好像林从来没有离开过一样。

我茫然不知所措，也不知怎么安慰她，只能让时间慢慢地冲淡她对他的记忆。

其实，我们身边，这种例子有很多。在一起的情侣都是幸福的，而分手的原因却有千万种。

就像木子说的：“你们能想象到一个在你身边四五年的人，突然就没了的感觉吗？我和他计划过未来，想过结婚生子，想过我们的老年生活，我的心里早已习惯有他了。可他却用一句‘对不起’外加如果有来生的承诺就打发了这几年的时光。”

分开以后，我们要学着在心里面放下那个人，不管最后分手的情景有多狼狈，两个人一起走过的路，吃过的饭，玩的地方，甚至一句电影里的台词都会让我们耿耿于怀。

努力忘掉那个人的这段日子，是我们最难熬的日子吧。

不想和朋友讲，怕别人笑话自己没出息，于是不知道多少次一个人出去喝得烂醉，打开手机再也没有了拨通那个号码的勇气，因为你知道那已经与你无关了。

那种感觉是什么样子呢？

像眼前那杯白酒，明知道很苦很辣，可还是一声不吭地喝掉，苦在心里，又有谁知道呢？

以前心里难受的时候，我们可以和对方说，可现在呢？江湖好大，懂你的人又在哪儿？

光是认识你就已经花掉了我所有的运气，我们从开始到现在，磨合了那么久，我的青春和记忆早已和你绑在了一起。我也真的不想再去找寻什么更合适的人了，你就是最好的、最合适的；我也没有了精力去重新了解一个人，因为我的心，早已习惯了有你。

分开时，不想显得自己走得太决绝，就利索地不回头吧。千万不要再说什么“下辈子再爱你，如果有来生”一类的话语，这辈子你都没有好好地爱过我，你说离开就离开了，还跟我谈什么下辈子？这辈子你都做不到，我很难再相信你和我的下辈子会不会有好结果。

爱情里最残忍的不是“对不起，我不爱你了”，而是“下辈子，再爱你”。

下辈子太遥远，我害怕我们还是会分开。

我也不想再被你伤一次，很疼的。

在爱情面前，

终究抵不过你爱他比他爱你更多一些。

安小姐，我也是个有故事的女同学

坐在橘子胡同的星巴克咖啡馆里，我还是习惯性地点了一杯黑咖啡，而他则由最爱喝的卡布奇诺换成了拿铁。我诧异之余，却什么也没多问。因为我一直习惯了别人不说，我就不问。毕竟，每个人都有一些欲语还休的故事和深藏心底的秘密。

谁也没有想到我和他会跨越四年的时光，如陈奕迅在歌里唱的：在街角的咖啡店，我会带着笑脸，挥手寒暄。和你，坐着聊聊天。

一如剧本里的台词一样，所有的寒暄在嘴边只化成了一句：嘿，好久不见。

四年前，我拿着中传的考研录取通知书，继续选了新闻学。

他，我的前任，许先生，拿到了美国的OFFER。

此后长长的四年，我们彼此心照不宣地不再联系。

他说，有些累了，我们试着分开一段时间吧。我笑着说，好。

这一分开就是，四年。

四年前，我读新闻学，他读动漫设计，我们在校广播站纳新上认识，他天生的磁性嗓音让他顺利留在了播音部，我则凭着文笔的优势挤进了采编部。巧的是，我每周需要给他周五播的一档叫作《大千世界》的节目写稿。

因为我每次的原稿都是手写，递交上去的稿子还要经过学姐学长几番查阅，很是麻烦。最后学姐直接告诉我说，以后文字有什么瑕疵，播音员会直接跟我联系，方便作者原意的传达。

第一次和许先生近距离接触是在学校的微时光咖啡店里，他点了一杯卡布奇诺，我点了一杯黑咖啡。

还记得第一次接到他的电话，蛊惑的嗓音仿佛下一秒就能催眠了我的耳朵。他说，请问是安同学吗？我想和你谈谈稿子的事情，我们微时光见。

大一那会儿，我特别迷恋川端康成的书籍，不论是《雪国》，还是《睡美人》，定要翻上好几遍才觉得满足。

我还清楚地记着，他坐在我的对面，咖啡店里暖暖的光轻轻地披在他的身上，配着舒缓的音乐就好像一场来得并不真实的梦，柔和而虚幻。

这就是许先生，我记忆中的许先生。我第一次见到他，没有惊心动魄的偶遇，也没有刻意安排的见面，只有那一方柔和的光，或许就是那个时候，他走进了盛开的光影里，也走进了我的心里。

就这样深刻地记住了他，他的每一个细节，每一个动作，让我记了后来长长如水的那么多年。他一定不知道，他就在那个时候如同梦一样走进了我的心里，从此就安静地隐居在那里。

他认真地读着我的稿子，忽然抬起头看着在一旁发呆的我。

“安同学，这段文字写得真美，我很喜欢。”

那是我摘自川端康成《雪国》里的一段话：灯火就这样

从她的脸上闪过，但并没有把她的脸照亮。这是一束从远方投来的寒光，模模糊糊地照亮了她眼睛的周围。她的眼睛同灯火重叠的那一瞬间，就像在夕阳的余晖里飞舞的妖艳而美丽的夜光虫。

他说，他很喜欢。我的心，忽然就热了。

他跟我表白的时候，轰动了整个广播站，甚至全校。

那天，阴沉沉的，微微下着小雨。我抱着书从图书馆出来，广播站突然提前播音，传来熟悉的声音，是许先生的。

"'黄昏的景物在镜后移动着。也就是说，镜面映现出的虚像与镜后的实物在晃动，好像电影里的叠影一样。出场人物和背景没有任何联系。而且人物是一种透明的幻象，景物则是在夜霭中的朦胧暗流，两者消融在一起，描绘出一个超脱人世的象征世界。特别是当山野里的灯火映照在姑娘的脸上时，那种无法形容的美，使岛村的心都几乎为之颤动……'这段文字选自川端康成的《雪国》，小编最近也疯狂地迷上了他的书，这感觉就像喜欢上了一个姑娘一样，第一次见到她的时候，冷冷的，不可靠近，其实，她自己一定不知道，她的眼睛很美，如同一面洁净的明镜，波澜不惊。我想点一首歌送给这个姑娘，不论你现在是不是听得见，我想告诉你一件事情，我喜欢你，安同学。2008 级新闻系的安同学，我喜欢你，你听见了吗？”

背景音乐是范玮琪的《黑白配》：谁说不能黑白配，世界上没有什么事。能够如此的绝对，曾经有人这样唱过。白天它不懂夜的黑，你却懂得我的美。

我们跟所有的情侣一样，一起吃饭，一起看电影，一起逛街，然而更多的时间是，一起泡在图书馆里。直到现在，我还能无比清晰地记起，我一抬起头，他就在我身旁，简简单单的感觉，却像夏日柠檬散发的清香一样，浓烈、持久。

在我二十岁生日聚会上，他送给我一本哆啦 A 梦的手绘本，每一页都写上具体的时间地点，整整九十九页，是我和他在一起的第九十九天。他在最后一页上面写着：我对于你，只是一场意外；你对于我，却是一场爱情。

爱情是什么样子？大概就是他的样子吧。

这四年来，他从一个小小的播音员成长为广播站站长，主持着校里各种各样的晚会，我也从一个小小的编辑，开始了漫长的投稿征程。

后来我们越来越忙，连电话里说的话都是千篇一律，只要我闭上眼，都能知晓他下一句要说什么。

在一起太久，他的一言一语、一举一动都能牢牢地刻在我的记忆里，这大概就是爱吧。还记得实习的时候，我和他都选择留在上学的城市。每天他从市广播电台录完节目后，就骑着电动车到市日报社接我下班。他的节目往往在十点钟录制，我就在几平方米的出租屋内用电饭煲提前熬好粥等他回来，条件很艰苦，我却很满足。

我觉得没有什么比两个人在一起更重要。

他赢，我陪他君临天下；他输，我陪他东山再起。

我都做好了义无反顾地跟着他的准备，他却说，不觉得现在的生活很乏味吗？这根本不是我想要的生活。

父母在家乡已经为我安排好了工作，我毅然留在了有他的城市，并偷偷地报了研究生入学考试。每天照常上班，照常去图书馆给他送饭，照常陪在他身边写稿子。

第一个月工资下来的时候，只有一千二百元。我兴奋地打电话告诉他，今晚请他吃大餐，我发工资了。

他疲惫的声音从电话那头传来："别闹了，我还有几份英语模拟卷没做完呢。"

我一个人坐在肯德基店里，点了两大杯可乐，两份全家桶，吃到凌晨两点。

我的爱情观里一直信奉的是，两个人应该都有梦想，最好梦想是相似的。

我一直以为只要他考上了，我考不考得上都无所谓，就怕发生他没考上，我却考上了的结局。我瞒着家里，瞒着他，瞒着所有人，一个人撑了许久。

最后的结局不算太糟，反而还不错。他考上了，但不是他以前念叨的中传，而是出国。我也考上了，就是中传，只有他不知道罢了。

我笑着对他说："不愧是我看上的男人，就是比别人强。"

他紧紧地拥抱了我，转身消失在茫茫人海里。

或许，我和他谁也不知道这段感情到底怎么了。明明还爱着，却忽然就累了。

眼前的他，跟四年前走的时候并没有多大改变，只是眉宇间多了几分睿智与洒脱，优秀如斯。

他左手中指的那枚明晃晃的钻戒很是好看，我低下头浅尝一小口凉透的黑咖啡，很苦很苦。

我抬起头微笑地看着他："你好啊，前任。"

写给余小贱的一封信

2017年6月8日，余小贱正式成为一名高三党。

前段时间，他总是询问我，姐，你说我到底该做什么好呢？周围有同学参军了，很酷，我要不要去试一试？

来不及提醒他这个00后还未到入伍年龄，他的另一个问题接踵而来：我的成绩肯定上不了本科的，要不我走艺术路线吧，去学美术行吗？

我思量许久，也不知该如何回复他。

余小贱是21世纪出生的孩子，调皮、贪玩、不爱学习是他的本性，打架、上网、鼓捣发明是他的乐趣。

小时候的他就是一个混世小魔王，被其他学生家长找上门来是常有的事，玩疯了一整个假期，作业只字未写也是常有的事情。

我每每咬牙切齿地揪着他的耳朵吼道，天天就记得玩儿，那你能不能少惹点儿事？

他总是抱着自个儿的头离得我远远的，咱俩不是一个世纪的人，代沟宽着呢，老封建思想你懂啥？

余小贱是我的亲弟弟，我只比他大上六岁。

当初爷爷为他取名为“建”，希望有一天他能够有所建树，可是他从小就发挥了事与愿违的特长。

《失恋33天》上映的时候，剧中的王小贱贱兮兮的模样像极了弟弟，从那以后余小贱这三个字就是我经常对他的称呼。

六一儿童节，我在网上给他买了一份搞怪礼物，署名还是余小贱。这个时候的他已经上高二了，有着男孩子都有的自尊心，他发来一张快递盒的照片，“余小贱”三个大字赫然写在上面。

姐，你下次再在快递单上写“余小贱”这三个字，我就给你写余大锤……

他是爸妈的第四个孩子，母亲流产两次后才有了他，对于我们家来说，他的到来着实不易，从小他就是纨绔小少爷的存在。

因为年龄的差距，我小学毕业，弟弟刚刚入学，等我高中毕业，他的小学才读完。我们是最亲的人，却有着各自的青春飞扬。

是的，我错过了他的整个年少时光，错过了他的整个青春未央。

大三在报社实习，放假回老家过年，他来车站接我的时候，我一愣，这是谁家的明朗少年，侧脸棱角分明的，如此好看。直到他转过身抿着嘴唇，睫毛上扬，我才意识到眼前一米七二的少年正是我弟弟。

其实，那一刻，心里是很难受的。

我去外地念书的时候，他才七岁。开始每半个月还会回家一次，到后来一年只能回一两次，待在家里的时间还不足半个月。那个一看到姐姐回来就跳起脚来满心欢喜地看着我掏出好吃零食的小肉丸子，突然变成了一个一米七二的清瘦少年。

不知什么时候开始，我和那个圆乎乎的小弟在一起长大的时光已经悄无声息地逝去了。

看着他白衣袂袂的赶着车出门，像极了中学校园里的人气少年。

我是有许多话想要对弟弟说的，像一个家长一样有着许多话想要嘱托，告诉他外面的道路很难走，哪些路布满荆棘，哪些路豺狼虎豹，哪些路没有尽头……

多么希望你能够在平顺的路上迎着高高的太阳快快乐乐地成长，多么希望你能长成这世间志在四方的好男儿，多么希望你能够成为我期待你长成的样子。

忽然有一天下午，我翻过一本书，图书馆的窗外光线温暖，像极了被裁剪掉的唯美场景，微风绕过透明的落地窗，吹开了我手里的书页。

书上写着，我有权按照自己的方式长大。

已然忘却自己当时翻过的是哪本书籍，只记得看过这句话后，对弟弟的那份担忧豁然释怀。

这是你余小贱的人生，你有权利按照自己的方式长大，旁人左右不得，这是生命赋予每个人的自由，无人能够干涉。

我从来都不会逼迫你去上课堂之外的补习班，也从不强制性地让你待在写字桌前努力学习，更不会强迫你去走爸妈给你规划好的人生之路。

学习该是一件很快乐的事情，怎么可以将它变成一种繁重的任务呢？

人生短短数十载，快乐又能占上几分呢？

我希望你永无烦忧，快乐成长，有着这世间最明亮的样子，带着热爱这世界的好奇心，去拥抱生命交付你的厚重，去感受这繁华人间烟火的味道。

我希望你平安健康，纯真简单，在宁静清新的早晨醒来看见阳台上的茉莉花盛开了两朵，在行进的柏油路上看见天边铺满了火红的色彩，在走神的课堂上忽然看见窗外的麻雀立在电线杆上……

我希望你有一天能够看得见世间最美丽的画面，听得见生命最动听的旋律，遇得见红尘中最心仪的知己。

同时，我更期望你能够多读些书，即便不爱教科书，读些课外书也是好的。

这个年龄的你，有着青春特有的“为赋新词强说愁”的感伤，也有着年轻特有的放浪不羁爱自由的张狂，哪一个都像你的样子，哪一个都是你。

我们都会被时光推着向前走去，走过春花凋落，走过夏日绽放，走过秋水清凉，走过冬雪纷纷，走过年华褪去，走向漫长人生。

所以，你看，不用着急。路漫漫其修远兮，走得太快会错失沿途美丽的风景，走得太慢会耽搁我们路途的行程。

我们唯一要做的，就是用最虔诚的态度去认知这个世界，去感知跳动的生命，去学习你所未知的东西，去发现大千世界的奇妙。

我希望你能读得懂那些晦涩难懂的文字，装得下那些深远悠长的知识，化成自己独特的逻辑思维，怀着对生命特有的思考与认知，清醒地直面人生的千变万化。

就像十四岁的你，熬夜读完我给你买的第一本书《活着》，第二天一大早跑过来跟我说，姐，这本书太悲剧了，看完了让人好难受，活着都是这样受罪吗？

在高中那个书籍匮乏、时间紧缺的时期，看书也是一种奢侈。

其实我想说的是，那个时候，你熬夜看过的每一本书，都是一场自我救赎的修行。并不是让你读过的每一个文字，在你的实际中都落到实处，而是让你走过的每一段路都有着自己的感悟与明辨。

你每天都在长大，但未必是成长。

成长是一出漫长而无声的默剧，再绚丽的色彩也会在历史的洪流中褪尽原本的华丽，蒙上一层又一层岁月的喧嚣与尘埃。

感谢爸妈，让一个可爱的少年陪我一同长大，长成我们彼此最亲的样子，长成这世间血脉相连的姐弟。

无论身处何时何地，都有着最遥远的一份牵挂。

大学时很喜欢听网络电台一套叫作“挥霍男主播”的节目，男主播会用富有磁性的声音读着直达心底的文字，揭示少男少女们对这个世界如梦般的迷茫与不安。

那里有我的模样，同样也有你的轮廓。

我很想快点长大，能替你挡些前方的风风雨雨，让你永远有着孩童般的天真与好奇。

希望你的人生哪怕狂风暴雨，也依旧能够砥砺前行。

愿你长成这世间最明朗的少年，愿你永远热爱这个善变的世界。

总会有一个故事打发了你的青春

第一步，安卿，我爱你。

第二步，安卿，我爱你。

第三步，安卿，我爱你。

最后一步，安卿，我爱你。

脚尖轻跃，她眉梢眼角都带着笑意，温柔似水。

那天的场景特别好看，美人的一颦一笑都富有韵味，就算是死，也美得例外。

安卿疯了，自小七纵身跳进身后的湘江那天起。

小七是一个美编，纤手弄巧，编织了一段又一段扣人心弦的故事。

她一辈子活在书里，就连和安卿的相遇都分毫不差地拿捏好场景。

“前辈，你要的书。”

一句话误了终身，小七承认自己不是一个好的主角，安卿才是。

安卿扮演了一个涉世未深的实习生，唇红齿白，文质彬彬的奶油小生。

他来报到的那天，她正在为一篇民国虐恋故事修改结局，反反复复却总是不如意。直到温柔的声音在耳边响起，她才如梦初醒。

有些故事，一开始猜不到结局。你要的书，翻开或者不翻，都在那里，积满灰尘。

常常为了写一个满意的故事，她绞尽脑汁，灵感尽失，时间错乱。在一次熬夜加班中住进了医院，切除阑尾。

同事前来探望，他也来了。一番寒暄过后，病房里只剩下他与她。

“你以后多爱惜身体，工作不要那么拼命。”

“你有想去的地方吗？”

“有。”

“我也是。”

可是，世上偏偏有如此多的悲剧，女孩为男孩写诗，却只有另一个女孩能参透深意。就像世间安得双全法，不负如来不负卿。所以，你是安卿，宁负如来不负卿。

庄生是安卿的青梅竹马。她来杂志社的那天，安卿正和小七设计最新一期杂志版面，身影重叠，毫无违和。

两个人坐在阳光充沛的午后，市图书馆里安静极了，窗外的吊兰上懒洋洋地飞舞着几只蝴蝶。

“它们会去哪里？”

“庄生晓梦迷蝴蝶，它们自然是去你的梦里。”

“你又想去哪里？”

“我……想去敦煌看大漠孤烟，想去庐山望瀑布高悬，想去西藏听佛音清远，想去厦门拥碧海蓝天。”

庄生脸上的笑容一滞。

“庄生，你有想去的地方吗？”

“有啊，我最想去的远方，是你的心里。”

心如明镜的她怎么会不知，安卿说的话出自那个名叫小七的女孩笔下的文字。庄生每期订的杂志上总会有意无意地看到“小七安卿”两个靠在一起没有缝隙的名字，刺得她眼疼。

庄生在操场上跑了一圈又一圈，越跑越轻盈，躺在塑胶跑道上，满天星光，忽然就落了泪。安卿，我的心小得都快装不下高大的你了，我该拿你怎么办？可以信任你吗？

凌晨两点，庄生的酒越喝越清醒，就像鸦片一样，明知会上瘾，还是甘之如饴。

“喂。安卿，我爱你。”

“嗯。我也是。”他浓浓的鼻音从电话那边传来，还夹杂着慵懒地回音。

“我做了一个很久的梦，醒来后，只是很想你。”

“别怕，我一直在。”

都已经远到连她做了什么噩梦也不问的地步了吗？

他挂掉电话，在黑夜里睁大眼睛，然后起床走到窗边抽了支烟，忧郁而缥缈。

她看着手机，在黑色中没了哭声，然后又给自己倒了杯红酒，浓郁而苦涩。

小七的第一本新书上架时，封面用的是安卿站在阳光里帅气的侧脸，书中男主角的名字叫如卿。

与君初相识，犹如故人归。如君卿卿，死如之何？

安卿的父母都在上海工作，春节自是要回到他们身边。他上车时却看见庄生正坐在自己的位置上。

“我买了和你一起回上海的车票。伯母给我打了电话，我爸妈元宵节会到上海。”

“庄生，我们结婚吧。”

他说，我们结婚吧。没有鲜花，没有戒指，没有求婚，语气平淡，明明该是喜悦的，可是心里不由得一阵刺疼。

她还是笑着看着他：“好。”

她笑靥如花，眼底却一片冰凉。

车窗外，城市呼啸而过。他和她十指相握，两颗心却早已天南海北。

他靠在她的肩上熟睡，她拿着封面上有他，作者是那个屡屡挨着他名字的小七的新书。

每一页都写着一对名叫“如卿和安琪”的男女之间的故事，缠绵悱恻，读来让人潸然泪下。

安卿的手机在振动，短信通知。她下意识地点开：安卿，我给你的书看了吗？如君卿卿，死如之何？安卿，我很想你。

好一个如君卿卿，死如之何。这句话出自陶渊明的《自祭文》中的“人生实难，死如之何？”这般高风亮节，死亦不惧的女子，怕是没人不喜欢吧。

庄生伸手紧紧地抱住安卿，眼泪控制不住地往下落，砸在安卿的脸上。他惊觉，她却说："别抬头看，我不喜欢你看到我哭的样子，很丑。"

其实，她想说，书真好看，你也好看，我都感动得哭了。微信公众号里读者的留言全是祝福：书模好帅气，是小七的男朋友，才子佳人，般配如斯。如卿，一定要照顾好我们的安琪哦。有一个愿意把我温柔地写进字里行间的女朋友，真幸福……

庄生在车厢的洗手间里哭得歇斯底里，火车外面呼啸而过的山庄与荒野，没人听得见她盛况空前的疼痛与悲决。

火车停在了徐州站，庄生只背着随身携带的包和两百块钱，从洗手间出来直接下了车。列车从庄生眼前驶过，她站在站台上拨通了安卿的电话。

"安卿，我们分手吧。不用找我了，这段感情，我能做的努力我都做了，你的心，才是我到不了的最远的地方。我给阿姨和叔叔买的礼物都在蓝色的行李箱里，你若觉得麻烦，便丢了罢。"

北风猎猎，寒意刺骨，她的心比这寒冬还要冷，冰冷而颤抖。

她巧笑若兮，逼近一步，你动过心。

逼近第二步，你放不下。

逼近第三步，你爱我吗?

逼近第四步，小七的额头正好抵住了安卿的鼻尖，我爱你。

安卿的坚持在她的眼神注视下溃不成军，猛地推开她："你真的疯了，你一辈子活在书里，你爱的只是臆想出来的那个我。"

"我是疯了。从你出现的那天起，我已经走火入魔了。我求求你，求求你救救我……"她终于泣不成声。

你在上一个冬天里走失，我步过下一个春光。你走时，隆冬腊月，而如今，万物复苏，我独一人，醉老西窗，才知人间已荒。我们天各一方，他日得见，我还欠你一句"我爱你"，庄生。

庄生在最新的一期杂志上看到这段话的时候，安卿已经躺在洁白的病房里。她赌对了，他心里终究是有她的，可是这份感情，太沉重了，他和她，谁都还不起了。

小七患了严重的臆想症，沉浸在自己编织的故事里无法自拔。活在别人的往事里，却最终死在了自己的笔下。

阳光正暖，微风习习，女子靠在落地窗前翻着这几年出门远行的照片，有敦煌的大漠孤烟，有庐山的瀑布高悬，有西藏的佛音清远，有厦门的碧海蓝天。

“庄生，我好像做了很久的梦。”身旁的男子睡眼惺忪地醒来。

“庄生晓梦迷蝴蝶，望帝春心托杜鹃。”

“有一件事情，我不记得以前有没有告诉过你，我年纪大了，记不清了。如果说过，那你就再听一遍，我爱你，庄生。”

女子的手一滞，良久，一滴泪落在了照片上，晶莹剔透。

阳光温热，年华正好。

别用我爱你掩盖你的无能

2017 年，立春已过，天气骤变。

这两天好冷，冷到想随便钻入某个看得顺眼的陌生人的怀抱。

小卿失恋了。她给我打电话时，正一个人坐在西餐店吃着牛排喝着红酒，我看着她容光焕发的模样，就自觉把安慰她的话给吞了回去。

小卿和林一在一起五年了。

他们的早餐，从大学食堂变成了路边摊；他们所处的环境，也从象牙塔变成了大江湖。

而在这五年当中，唯一不变的还是那句话：小卿，虽然我没钱，但是我爱你。

起初，小卿感动得一塌糊涂，她每次都会回他：没关系，我不在乎钱，我只要你爱我。

后来，再听到这句话时，小卿心底的那份感动逐渐消退，而失望与日俱增。五年了，小卿没有看到一点林一的成长。

分手后，所有人都指责小卿抛弃了林一，认为她拜金主义，嫌贫爱富，宁愿坐在宝马车里哭，也不愿坐在自行车后笑。

只有我知道，小卿坐在自行车后也笑不出来，只有我知道，每个深夜她给我诉苦时的煎熬与无助。

事情的起因，还要从半年前说起。

半年前，林一和小卿分手了，原因不明。总之，小卿的离开很突然，留下林一一个人独自悲伤。

林一通过朋友要到我的电话，废话没多说，直接问，失恋了怎么办？

我也没含糊，失恋了就失恋了呗，人又不是靠恋爱活着，谁也不是离开谁就会死。

林一沉默一会，哭着说，好难受，忘不掉小卿。

他们之间的事，我大概了解一些。小卿嫌弃林一不求上进，林一猜疑小卿外面有人。

公司组织旅游，小卿带着家属林一。小卿和同行的男同事多说了几句，林一就怒了，全程脸色不善，小卿为人活泼开朗，同事与林一搭讪，他不愿搭理，小卿尴尬至极，同事私下指指点点。

在去 KTV 的路上，小卿的手提包落在了大巴车上，返回途中听到部门的同事议论。

“小卿找个什么男朋友？一点礼节和眼力见儿都没有……”

“估计是他人品有问题。”

“是小卿眼光有问题，平时看她挺会说的，能言善道，谁知道她会找这样的一个男朋友，我猜我们都被她的表面给蒙骗了吧，有这样的男朋友她的品行也好不到哪里去……”

整场旅行，小卿和林一自然而然也好似有意无意被大家“孤立”了。

林一回到住处就怒了，张嘴说，分手。

小卿一愣，继而知晓所谓何事，好，我们分手。

本是一次气话，没想到小卿答应了。随后分开，林一求小卿原谅，可是小卿心如死灰，再也回不到过去了。

一次失恋，林一完败，从来不会吸烟的他，学会了吸烟，而且是一天两包的节奏；从来不会失眠的他，尝到了失眠的痛苦，而且是一星期接一星期地睡不好，甚至他还说他得了抑郁症。而小卿呢，泡着温泉吃着美食喝着红酒，潇洒自在。

曾经的海誓山盟变成此刻的耻辱，林一纠结为什么从前对小卿那么好，而她放手却那么简单。这成了他的心结，于是在和我探讨小卿的绝情之时，他还和身边的朋友探讨。

一遍又一遍，林一像个受伤的猴子，不断地撕开伤口给大家看。他才不管大家喜不喜欢，总之他要表现得悲惨，证明他爱得比小卿深。

以爱之名来绑架一个人，小卿不能接受。

她说：小七，你知道吗？五年了，就算他每天只存 10 块钱，五年也有 18250 块了，可是他还是一分钱都没有。每次都会说他没钱，但是他爱我，他现在还是刚就业时的工资和职位，下了班就坐在那里打游戏，还把工资都搭进游戏里了，每天只会给我抱怨他不得志，没有伯乐，公司剥削劳动力，但是他又不敢跳槽，也不愿提升自己。

沉默一会儿，她接着说，就算是这样，我从来都没有抱怨过他。我的工资现在是他的两倍，恋爱生活开销都是我支付，但他却总是处处噎我，觉得我在公司不知道干了什么勾当才爬上了现在的职位。最让我痛心的是，我真的看不到未来的希望。我也想约会吃个牛排，下班看个电影，周末短途旅行，我也想收到鲜花和巧克力，我不想挤地铁被猥琐男骚扰，我也想我以后的孩子用得好，吃得好，不要受苦。可是光我自己努力真的不够啊，他不帮我，还拖我后腿。我不想每天跟他计较了，我觉得自己一个人也比两个人在一起生活要好很多。

我心疼小卿。她攒了多少失望，才变成了现在的绝望？

都说分手后不能做朋友，因为相爱过。

耗费掉几年青春，花光所有的心思与精力，爱惨了对方，就算难逃分手的境遇，至少彼此曾经深爱过，有过一程美好的回忆，也不枉深爱一场。

可是小卿说，我觉得这五年都喂狗了，还是忘恩负义那种。

分手后，小卿搬回公司的宿舍，决定从此一心扑在工作上。

好景不长，晚上加班回来的小卿接到了林一母亲打过来的电话。对方来势汹汹，张开话匣子尽是说小卿如何耽误他家林一这么多年，如何配不上他家林一，如何死皮赖脸地赖上他家林一，早就劝你们分手偏不听等等七七八八的数落。

主题是，你配不上我家的林一，既然分手了就不要再缠着他了。

小卿握着电话，一声不吭地听她絮叨。

末了，她在电话那头突然提起：王卿，你跟我儿子谈恋爱这几年，他没少在你身上花钱吧。我早说你们不合适，白白耽误了我儿子，糟蹋了钱。就说我朋友那女儿多好一姑娘，就因为你的介入，我们两家订的婚事给毁了，现在我儿子可是什么都没有。我们林家虽说不是什么小门小户，但也从来不花冤枉钱。

小卿呵呵一笑，敢情老太太说了一大堆，还埋了伏笔，原来在这儿等着她。

终于忍无可忍，她问，那你想怎么样？

老太太一听小卿主动开口，立马抢过话头，十万吧，五年就算十万吧。我家林一每年都没存到钱，估计都把钱花你身上了吧，女人啊，坐享其成是很舒服，但也不能坐吃山空吧。你可不能分手了还管制着我儿子的钱……

没等老太太说完，小卿就对着电话大吼，想要钱，你们做梦去吧，我是一分钱都不会施舍给你们这种人的。

小卿跟我提起这件事的时候，她说，你知道吗？这段感情让我很难堪，难堪的是遇人不淑，识人不清，好好的一段感情竟然被用来讨价还价，反过来也让我明白，想要的生活只有自己能给。

后来从同学那里听说，林一的母亲为了让小卿赔偿十万块钱闹到了小卿的公司，大有不给钱就让你身败名裂丢工作的架势。小卿当着林一的面，将这五年来所有的生活开支，恋爱经费的发票扔到林一脸上，当时林一的脸就绿了。

小卿很不屑地说，你的那点工资都不够你玩游戏，哪还有多余的钱为我花，连买一包七度空间的钱都是我自己掏的。阿姨，你看清楚了，白纸黑字都在这里，不是你儿子林一在养我，是我一直在养着他。

老太太是个爱面子的人，一看要钱无望，还惹一身闲话，赶紧改口大骂道，早就看出来你是个狐媚子，爱慕虚荣，一边跟我儿子谈恋爱一边又勾搭其他人，真是恬不知耻，亏我儿子对你那么好……

小卿当即拿出了手机说，阿姨，你再这样对我进行人身攻击，我就报警了，你这样无理取闹是在打扰我的工作。

看着小卿这张漠然冷酷的脸，林一心头不爽，王卿，你怎么变成这个样子，她是我妈，你非得惹她不高兴吗？再说我妈说的有错吗？我看你是心里有鬼吧。我真是看错你了。

看着眼前这张无比熟悉而又格外陌生的脸，小卿良久才说，林一，对于这段感情，你说了那么多话，有一句总算说对了，我真是看错你了。

你看，你的“我爱你”原来就是让她受尽委屈却还觉得理所当然，一句“我爱你”就可以抵消你对她的所有伤害和恶语相加，一句“我爱你”就让她一个人面对千夫所指而其中还包括你。

换作是你，你还爱他吗？

她爱你这个人的时候，你不努力给她金钱和更好的生活，现在她爱不起你这个人了，你却还在怪她物质拜金主义。

如果她真的拜金，五年前你一无所有的时候她就不会跟着你了，现在你有了工作有了收入，却还倒打一耙。

一句“我爱你”，难道可以套现吗？

别用“我爱你”掩盖你的无能。

前段时间，小卿告诉我，林一又跑到她公司去了，找她复合，离不开她。小卿头也不回地给拒绝了，结果他就站在公司下面开始说小卿如何拜金主义，如何爱钱看不起他，说她是一个庸俗的女人。

她转身回了一句：你说的对，我就是爱钱，不爱你了。

第四辑

义无反顾，一切都在意料之中

每一个繁花似锦，都经历了暗涛汹涌。你没必要去改变一个人，正如你无法改变明日的天气。你所要做的，只是持心自守，兵来将挡，水来土掩。当你准备好自己，无论是晴是雨，都能找到一种自在新鲜。正如写在诗句里的人生：回首向来萧瑟去，归去，也无风雨也无晴。

这是一个真实的故事，
同时也是许多人的故事。

世界以痛吻我，我报之以歌

一个月前，一个昵称“柒先生”的女孩在头条上发了一则帖子，我在下面留言，那时候她没有回我。后来的一段时间，我转发到朋友圈的这条信息再也没有更新回复。直到昨天，她发了一条很长的消息给我。

故事就这样开始了。

柒先生是大我一级的学姐，新闻专业。

三年前，我只身一人来北方读大学的时候，是柒先生接待了我。一句“你别动，让我来！”体重不足一百斤的她扛起我的行李箱还一路跟我介绍开学报到的各种事项，让处于迷茫状态的我一下子放下心来。这学姐，真贴心。

三年后，我再次在南方的一所大学里遇见柒先生。她瘦了许多，周身的开朗劲儿荡然无存，一种郁郁寡欢的气息几乎要深入骨子里。

直到我在头条里看到她发的那个帖子，才知晓近年来她身上发生的那些大起大落的故事。

柒先生上有一个自幼患小儿麻痹症，一条腿失去行动能力的哥哥，下有一个正读初中的弟弟，父母二人整日在几亩薄田里劳作。全家的收入全指望在镇上从事家电维修工作的哥哥，生活拮据而挣扎，像陷入沼泽地般无可奈何。

在一次交通事故中，柒先生的哥哥被轿车撞到石桥上当场脑颅出血死亡，案件判处肇事者负全责，但赔偿款一拖再拖，保险公司的保险金催促了半年，对方开始还支支吾吾的，现在竟杳无音讯。

这个世界上多的是波澜不惊，谁能看得见一个人内心的波涛汹涌。

柒先生在中秋节当天连夜买了回河南周口老家的车票，匆匆忙忙连一件外套都没来得及带上。

柒先生哥哥的坟墓在中秋节的晚上被人挖掘，曝尸荒野。

挖人坟墓在农村是在血淋淋地剜死者亲人的心脏。在中秋团圆的日子里，柒先生一家却在亲人无法入土为安的噩耗中愁云惨淡。

此事还得从农村的土地承包制说起。

柒先生哥哥下葬的土地以前划分给他们家，家里的老人去世皆安葬在此，前几年村里重新划分土地，划给了邻居。柒先生的父母便用自己的一块土地置换了这块墓地，本是合情合理，相安无事的邻里事情。在土地开发商高价征购柒先生家的墓地时发生了戏剧性的转折。柒先生家的墓地位于马路边缘，占据地形优势。开发商见柒先生的父母不同意迁移墓地，转而开出高价向她邻居收购。

利益面前，什么人心淳朴、至纯至上，不过是自己贪欲的遮羞布罢了。柒先生给我发过来这句话的时候，我心里闷得难受。多少跟我们一样的同龄人还在享受着父母赋予的衣食无忧，还在幻想着梦想的五彩斑斓，柒先生已经奔波在一场场官司的路上，打了各种媒体的投诉电话，甚至打了他们市长的热线电话。可是，她只是一个二十出头的姑娘啊。

柒先生说，我家是穷，就是贫困户，因为穷难道就活该被人看不起吗？就活该被人如草芥般侮辱吗？难道就因为穷，我们连基本的自尊都没有吗？

你能想象，柒先生哥哥的棺木被弃之荒野，无人敢动的境况吗？家里被市级法院判处赔偿邻居一万块钱的愤怒吗？房屋被邻居叫来恶霸砸得破烂不堪、父母双双病倒在床的绝望吗？村里的桥头上被人恶意地写满了侮辱死者话语的耻辱吗？但，这一切都真实地发生在柒先生的身上。

柒先生说，人性的寒凉也就是如此了，我就像身处一座被隔绝于世的孤岛一样孤立无援。

看，这就是处于底层小人物的挣扎与不安，一份血汗钱，一个安身立命的家就是支撑着他们生活下去的全部信念。他们要的并不多，只求一分善待。

我在头条上关注了柒先生，她已经很久都没有更新主页了。从旁人那里打听到：她已经考上了北方一所大学的研究生，贷款在小县城里给父母买了两室一厅的二手房，每个月兼职好几份工作，所挣取的工资全部补贴家用，养家糊口。

有一回深夜，我还在电脑前赶着第二天报纸编辑学的PPT作业，我的手机上显示了今日头条的消息更新。

是柒先生的，生活不止有眼前的苟且，还有诗与远方。

我在下面回复：撑不过去的叫苟且，撑了过去的叫远方。

第二天她回复了我，即使世界都对我深恶痛绝，我仍甘之如饴。

柒先生讲完这个故事，我仿佛看到一个风华正茂的女子就在一夜之间长大了，即使内心里怎样的汹涌澎湃，表面上也要不动声色。

我在阴雨连绵的下午写下这个故事，细细碎碎。周围尽是弯腰驼背，恨不得钻进书里的考研党，房间里静得吓人，悄无声息。去年的这个时候，柒先生也是他们中间的一员，她一定是承受着常人无法想象的压力咬碎了牙根向上生长，蜕变是深入骨髓的疼痛，也是成长。

我还清晰地记得柒先生说的那句：哥哥走了之后，我才忽然意识到从今以后我要开始做一个大人了。从此，我要照顾父母的生老病死，幼弟的衣食住行，这人世的起伏无常，生命的变化多端，总该有人扛起来。

柒先生陪父母回过老家一次，穿着体面得体，邻里见面也不免一阵唏嘘：老齐家的闺女是个有出息的。那些曾经帮助过柒先生一家的邻居，柒先生一一登门拜谢；那些伤害过他们的人，她说我不会冤冤相报，我尽可能做到一笑而过。而且我会感激，感激这段经历，让我往后无论遇到多大的苦多难的事都能咬牙走到最后，再也没有比人生的第一道坎更难过的事情了。它让你迅速地从一棵经不住风吹雨打的小草成长为能遮风挡雨的大树，它让你一夕之间长大成人，最后长成刀枪不入的铠甲勇士模样。

她问我，你还记得泰戈尔的一句诗吗？世界以痛吻我，我要报之以歌。

我说我也很喜欢这首诗。

故事的最后，我送给柒先生一句话：

愿你成为自己的太阳，无须凭借谁的光。

曾经你以为整个世界都与你为敌，
后来才发现
只有你自己与整个世界背道而驰。

想和你一起热爱这世界

几年前，你还是一个刚步入社会的愤世嫉俗的青年，对于职场上的潜规则深恶痛绝，久而久之你开始被办公室里所有人孤立，你毅然辞职。我知道清高的你是不屑于与他们同流合污的。

几年前，你还是一个向往外面精彩世界的北漂女，你引以为豪的简历被人无视，扔进了废纸篓，懵懂无知的你渐渐发现面试官看中的并不是你的才能，而是你姣好的面容时，你愤然离去。我知道高冷的你自尊心极强还有着自己的原则底线。

你说，这个世界是如此的可恶，可你还是忍不住地去热爱它。

我的大学同学Sily，家庭条件非常优越，每次同学聚餐，都是她主动出手买单，花钱如流水，同学生日出手阔绰，一买就是上万元的礼品，一件相当于一般人一个月生活费的衣服穿一次就扔掉，让我们这些工薪家庭的孩子每每都不自觉地自卑无比，那是一种来自物质生活上独有的精神卑微。

无论她走到哪里身上都是自带光环，年轻漂亮，出身背景又好，举手投足之间尽显名媛风范，善良还有爱心。

有一回冬天，北方下了一场极冷的大雪，我们都待在宿舍里懒得出去。她非得出去拍雪中写真，回来的时候在路边捡了一只脏兮兮的流浪猫。抱回宿舍时，周围的人不禁地发出赞美：你真有爱心。一时间在系里传得沸沸扬扬，最后连学校的校报和广播站也进行了专题表扬报道。

你看，她的确是一个很完美的人呢。换作别的人，只会被宿管阿姨扣上扰乱宿舍秩序的帽子，再被学校处分。

你不知道的是，她买的一袋猫粮足以抵得上一个山区贫困孩子一个月的早餐，却因为收养了一只流浪猫而得到“爱心天使”称号。

她说的没错，她就是花家里的钱怎么了，反正家里有钱够她花。这句话让劝告她花钱不要大手大脚的同学不禁羞红了脸。

是啊，这是一个拼家庭的时代，他们拼的是家庭，而你只能拼命。

我有一非常要好的同学，毕业后通过自己的努力打拼进了一家久负盛名的公司。他请客的时候眉飞色舞，说着过不了三年就可以在二线城市置下属于自己的房子和车，我们都打心底为他高兴。像我们这种没权没势又没钱的人，想要在城市里站稳脚跟有多么艰难，没有人能够体会出来。我曾多少次想要放弃而又多少次咬紧了牙，告诉自己再坚持一天，一天就好。

好在，现在终于熬出头啦。

有一回深夜里，同学打电话过来，我还在苦逼地熬夜写稿子。他浓浓的鼻音从电话那头传过来：“本来以为自己算得上是一个成功人士，现在看来不管我有多么的努力，永远还是那个穷酸的书生。”

原来，他大学的室友在上大学时，父亲就扔给他一百万资金让他试着创业。上个月，他的室友和他聊天时提及自己的创业团队拿下了两千万的投资，硬是让我这个同学对自己的近况缄默不语。

很多时候，我们在现实面前都是小心翼翼的。我们不敢输，也输不起，每一步都走得精打细算、异常困难，生怕走错一步，摔得粉身碎骨。

我们开始变得犹豫不决、患得患失，终是被现实的利爪拦阻，止步不前。

很多人在深夜留言问我：毕业后才发现外面的世界很无奈，我不知道该怎么办？

我想了想，这个问题很难回复。

因为，我也不知道该怎么办。

刚毕业的那会儿，我就像初生牛犊不怕虎，凡事非要认个死理、讲个黑白分明。带我实习的老师只是笑着对我说："你这性子跟我当年一样，慢慢磨砺就好了。"

慢慢地我才发现，学新闻这一专业不能有执念。高中时我曾执念于为这个城市、为身边有困难的人做些力所能及的事，将社会的阴暗面公布于天下。以为我的满腔热血、我的一意孤行，总会让我实现曲线救国的梦想，完成报效祖国的使命。

现在回想那个二十出头的自己，我还是会忍不住怀念那个傻傻的如愣头青一般的女孩子，那么傻而又那么纯真。那时的自己如果知道人最终会变成自己讨厌的样子，她该有多么鄙视和心疼啊。

原来，帮助他人会被质疑为炒作甚至不领情，饭局上除了喝酒还有动手动脚，职场上争名夺利以至硝烟四起。你看，梦想怎么可能那么轻易就实现呢？

相恋四年的男友忽然变成了前任，考研无奈落了榜，工作上的成果也偏离了预期，颓废的日子就像一张密不透风的网笼罩在我头上。

真想就此堕落下去算了，努力原来真的又疼又累啊。

可是看到第二天的太阳照常升起，我还是条件反射地睁开眼，从被窝里利索地爬起来，胡乱地洗漱一番就匆匆汇入人流，开始了新一天的忙碌。

不管明天会有怎样的天翻地覆，下一秒又面临着怎样的沧海桑田，这一切都不重要了。重要的是，我们可以走到满天星河的那一天。

理想的遥远，现实的背叛，所有的爱恨纠葛，所有的悲喜挣扎，终将过去，明天的晨曦照样光芒四射。你还是热爱这个世界的，如同被拯救了一样。

总有人过着你期待的明天

我们 90 后这一代人，没有 80 后那一代对社会的焦虑与深压，更没有父母那一辈对生活的隐忍与企盼。

我们有的，更多的是不知所措与不安分守己。

大三寒假，我和班里的另一个女生一同进了《人民周刊》旗下的一家报社实习。

第二天，副主编带着我俩去另一个城市的分社学习一天，熟悉关于报纸如何排版、网站后台如何管理等事宜。

那个女生一边听着一边询问着琐碎的细节，分社老师不禁对她认真虚心的态度称赞表扬。

正式报到之后，报社主任就扔给我一堆关于医患纠纷、林木赔偿索款等厚厚的一沓投诉文件，并告诉我用一周的时间将它们整理出来送去审核。

从没接触过有关法律稿件的我，那段时间不停地翻着随身携带的剪报本，上网查询别人的稿件以及涉及的法律知识。你看，一切重新开始。

我是一个不善言辞的人，更不喜欢工作的时候被人打扰。我每天除了整理稿件之外，还负责网站后台每日新闻的更新与转载，每周还帮忙做报纸的收寄、搬运、数据核实工作。每天晚上回到家，两只手就像刚挖过煤一样黑不溜秋。

那个姑娘被主任安排到报纸排版这一部分，兼处理照片。狭小的办公室里，我和她坐对面。每天听她敲键盘、摔鼠标的啪啦啪啦声，感觉她似乎在发泄着什么情绪似的，听得我也心烦意乱。

有一回，我一直编辑稿件到七点多，办公室里的老师都下班了。她忽然用力地踢了一脚办公桌，一下子将我新买的水杯摔地上去了。

“你咋这么没眼力见儿呢？没看到我在排版吗？你那稿子又不等着现在用，你不能先过来帮帮忙啊！”她无厘头地冲我吼道。

我心里一窝火：“那是你自己的事情，跟我有什么关系！”

“呵呵。当初可是我们两个人一起去学习的，我不会，我就告诉老师说你也不会！”

我心里冷笑，她可真是连死都要拉一个垫背的啊。

我默不作声地将她保存的排版模式打开整理，再按照百度上面存档的方式一步一步调整好格式，保存原素材打包发送到总部邮箱。

第二天，主任夸赞她排版做得不错的时候，她顺便说了句昨晚加班克服了重重困难才搞定。对于我的帮助，她只字未提。

她最后还是走了。在一次向主任传达报纸印刷数量与印刷厂经理那边核实不相符的情况下，被领导很不客气地批评数落一番，心气儿高的她一下子就承受不住了。想想自己无论在班级还是在系里，都是老师学生各种的赞美围绕着，当场她就委屈地哭了，编辑部的老师怎么劝都劝不住，领导尴尬地闭上了嘴。

第二天，她没有出现。办公室的老师仿佛司空见惯了似的，也没有人问她去了哪里，就像当初没有人问她从哪里来一样。

她不止一次告诉我，我们是来实习的，不是来打杂的。

每每听她如此抱怨我都一言不吭，继续忙自己手头的工作。我一直都相信，在没有足够的能力时，你就必须积攒足够的能量，才能在下一次的历练中稳操胜券、万无一失。

我有一个比我高一届的师姐。初次见到她，是在校广播站纳新的时候，她衣着普通，样貌平凡，连一头乌黑的头发也是随意地绑在脑后，扔在人海里不显山不露水。

让我在新闻系一众师兄师姐里一下子记住她的原因是，她的眼睛带着光，有一种叫作奋斗的力量。

后来，我成为师姐所在部门的一名小干事，从周围的八卦中了解了她的事迹：科科成绩第一，每年都能拿到国家奖学金；参加全国大学生记者团的选拔，成功入选执行主席团；混入知名媒体中成功采访到 K 市副市长；等等。每一项都足以让我们羡慕不已，贴在简历上都是一份沉沉的传奇史。

在我们新生的专业课讲解中，系主任把她的大学成长经历做成 PPT 展示出来，作为大家学习的榜样。

你看，浑身充满正能量的姑娘，不管走到哪里，都带着闪闪的光。

临近毕业的时候，很多师兄师姐开始奔波于求职和面试的路上，这位师姐毅然投入到考研大军中。许多次我都在座无虚席的自习室看到她低着头认真地刷着题，一直到很晚很晚。

师姐被C大录取的时候，她回校办理档案手续，送给了我一堆课外书和复习资料。她拍拍我的肩膀说：“你跟别人不一样，好好学！别把上大学当成闹着玩儿！”那一刻，我忽然觉得长相普通的她笑起来格外好看。

等我也跨入考研大军后才明白，认认真真地坚持同一件事情有多么的困难重重。每天早上六点起床背诵厚厚的英语词典，上午啃着艰涩难懂的理论知识，下午刷着两套预测卷，晚上上网查询打印各种考研资料，睡觉时也得听着英语广播入眠，整天反反复复做着同样的事情。

那段时间，我最大的压力不是身边的同学都报了各种考研培训班，而是来自内心的焦躁与不安。开始整晚整晚地失眠，一失眠就爬起来看书，无论如何又难以静下心来复习。

感觉自己快要到了崩溃边缘，我半夜给师姐发了一条QQ消息，没过几分钟窗口就亮了。那时是凌晨3：24。

“学姐，考研的路上感觉自己快要坚持不下去了。该怎么办？”

“想想还有什么是你能坚持的。”

“学姐，很好奇当初看见你在自习室看书的时候，是怎么撑过来的。”

“想想有那么多和我一样想要放弃的人，我就浑身充满斗志。坚持到最后的才是英雄。”

询问间才得知师姐读研后，又开始忙着各种课题研究、论文文献，成天泡在图书馆查询资料，一如既往地忙碌着学习与毕业打算。

有那么多比你更加努力的人每天都在马不停蹄地努力着，生怕一不留神就会被生存法则给淘汰，你哪里还有多余的时间怀疑自己如果坚持不下去该怎么办？这么困难的事情如果处理不好又该怎么办？

你忽然记得大学刚毕业那会儿，跟着室友四处投放你单薄的简历，你看不到方向，你只知道他们这么做，你觉得跟着做就不会有错的，反正那么多人都这样做。有一天你收到一张来自日本的明信片，上面是你熟悉的富士山，背后是你高中好朋友子文的字迹。你只记得曾几何时特牛气地跟身边的兄弟说：总有一天你会去那个会百变魔术的木之本樱生活的国度，还有那个被无数少女深深喜爱的《灌篮高手》樱木花道的城市。

你想去的地方，别人去了；你做过的梦，别人实现了；你想要的生活，别人享受了。而你，只有想想，却还不知努力。

你开始质疑你的人生，抱怨你琐碎而又冗长的生活，后悔你浅显而又不扎实的专业能力，埋怨上天吝啬而又不眷顾你的机遇，吐槽你那不曾慧眼识珠的上司。当你质疑一切的时候，唯独忘了质疑你自己。

可是，你却只能用即将失去的今天去懊悔已逝去的昨天，还对着明天一筹莫展。

如果，你够努力，成功一定有你；如果，你够勇敢，爱情一定有你；如果，你够坚持，明天一定有你。

人生就像一场不能回头的旅行，梦想未必能实现，意外却经常发生。看过一些风景，遇见一些人，有过一些感受，还来不及唏嘘又要继续赶路。

虽然每个人的道路不一样，有些人选择平坦大道前行，有些人却喜欢挑战高山险峰；有些人能开着保时捷，有些人连二手普桑也买不起。但你能说高速公路的风景就一定比山间小道更美丽吗？只能说各人有各人的活法，各人有各人的感受，就像电影中的那几个草根，倒霉失望之余总会有些快乐和温暖的瞬间，那就足够了。

没有如果的假设，也没有可是的转折，总有人过着你期待的明天，因为他相信努力就会有收获；总有人去了你想去的远方，因为他相信只要出发就会到达；总有人做着跟你一样的梦，因为他相信有梦就会有希望。心存希望，就会有明天。

说到底，还是你自己不够努力，才会有那么多无关痛痒的困难。

信不信，没有人会喜欢这样软弱还爱找借口的你。遇到一点儿困难就放弃的样子，真的一点都不可爱。

命运善妒，但生命从不屈服

大三那年，高中同学K被查出肿瘤病征，微信群里一阵喧哗，与K关系密切的同学开始在朋友圈里转发信息组织往日同学募捐。

上高中那会儿，我与K的关系一般，看在昔日同班同学的份上，我也在众筹中捐了一百元，奉献自己的微薄之力。

没过几天，同学S打来电话，我们三年未曾联系过，哪怕是群发的一条消息也没有收到过。我听到她的声音，还没来得及打声招呼，她兴冲冲的声音从电话那边传来：哎呀，余大记者，找到你的联系方式可真是不容易啊，通知你个事儿啊，前几天还跟我们班同学聊天来着，关于K患肿瘤众筹的事情可不能少了你，你人脉资源广，读者粉丝也有，可以帮K宣传宣传，少说也能凑个一两万吧，她那一大笔医药费就有着落了……

我皱了皱眉，也不好拒绝她的请求，便答应她试试看。

随后，我将K住院众筹的消息发在朋友圈，S第一时间在下面点赞，并评论：救人一命，胜造七级浮屠。

晚上，S在群里核对捐款名单，并艾特我问之前捐了多少钱。

我说，一百块。

她在群里发了一连串惊讶的动图表情，你怎么捐这么少？班长都捐了六百呢！

我问，难道捐款还有等级之分？那你又捐了多少？够得上顶级吗？

她立马回了消息，你说话怎么这么尖酸刻薄啊！是记者就了不起啊，我捐了三百块，还是从这个月给孩子买奶粉钱里省出来的……

我打过去“呵呵”两个字，直接退了群。

好友小齐发来了消息问，怎么退群了？知道S在群里怎么说你吗？说你理屈词穷，有自知之明而退群……

我发过去一个笑脸的表情。无所谓啊，我就退个群也能让她遐想，反正我落个安静就行了。

不久后，也不知道班长从哪里得知我回了老家的消息，打来电话问我，有没有时间，代表我们班同学去湖北武汉医院探望K同学？我现在在广东上班也腾不出时间，他们也不在老家，S的孩子还小要照顾走不开，她说你回老家了离武汉也近些，正好可以买点鲜花水果代表我们班去探望……

没等他将话说完，我直接拒绝了他：对不起，我也有工作。

你可以对我进行各种言语攻击，但对于“道德绑架”，我坚决不接受。

我今天帮助了K同学，也是因为有着一份昔日同窗之谊在。而在这基础之上还要对我的帮助加以各种要求的话，对不起，我拒绝。

哪怕曾经是最好的朋友，三四年不再联系，多么深厚的友情也会在时间的冲刷之下变淡。而这期间，哪怕你这三年来给我发一条消息，也是对我这个同学的一种安慰，而不是有一天打开手机忽然发现你已经悄无声息地在我的好友栏里走丢了。

S说，找到我的联系方式真不容易啊！

是吗？

网络媒体高速发展的当下，想找一个人易如反掌，何况我的微信号正是我的手机号。

更何况我所捐赠的一百元，还是我在校兼职所得，我只是一个还未走出大学校门的穷学生一枚。而去武汉医院探望K同学是因为我离她近，那么坐上五个小时的火车也算是近吧。

从小齐的口中得知，K同学的肿瘤只是初期的良性，手术费用五万就已足够。

K同学家庭殷实，父亲为初中教师，母亲是银行工作人员，与普通的农村家庭相比，拿出五万应该不是难事，却依靠网络媒体日益发达的优势将各种医疗化验单和证明发在网上众筹。

小齐气愤地说，众筹也就算了，你知道K大学谈了一个男朋友吗？都到了谈婚论嫁的地步了，K住院时他们家一分钱都不出，还振振有词地说钱都留着婚嫁买房用，直接众筹吧，正好省钱……我要是K，这样的男人我早就跟他分手了，连你生病都不在意还精打细算的男人只会爱他自己……

我并不知晓这里面还有如此多的弯弯绕绕，知晓后也当作一场与己无关的情景剧。

作为一个旁观者，在万物交错间，生命为大，其余皆不做议论。

大冰在他的《乖，摸摸头》中写了这样一句话：命运善嫉，总吝啬赋予世人恒久的平静，总猝不及防地把人一下子塞进过山车，任你怎么恐惧挣扎也不肯轻易停下来，非要把圆满的颠簸成支离破碎的，再命你耗尽半生去补。

小铖堂弟住院了，白血病，需要不间断地化疗与吃药，更需要大笔的费用。

四婶在我们家族里挨家挨户借钱，认真地写下每一张欠条。这几年的家庭变故早已让这个刚刚四十岁的女人头发白了一半，皱纹爬满了整个眼角，眼光里盛满了愁苦的情绪。

从初二开始，小铖堂弟每个月在医院与学校之间来回奔波，多次的化疗让他整个人迅速虚弱下去，全身的皮肤白得近乎透明，凌乱浓密的小碎发大把大把地脱落，在课堂上突然间流鼻血晕倒的次数愈发频繁。

在医院的走廊里，你看见有人歇斯底里地痛哭，也有人崩溃到丧失理智。那些发生在他们身上的带着关于生与死的故事，却有着同样沉重的声音，压在你的心头，堵在你的咽喉，在生命面前发不出半点反驳的声音。

我寒假随父母去医院探望小铖堂弟。在第十一层的重症监护室里我看到了几乎面目全非的堂弟，常年服用强烈刺激性的药物已经让他整个人浮肿不堪，行动不便，脸上长满了血红色的痘痘……

他已经休学了大半年，与世隔绝，听到最多的声音便是护士阿姨的"情况暂时稳定""病人体内的血小板巨核细胞正在减少""病人呕吐症状异常"等等。

四婶也没闲着，将他高中的书籍全部搬到病房，堂弟病情好转的时候，四婶就督促他按章节自学功课，不要贪睡。

有一回，亲戚实在看不下去了，就背后提醒四婶：好好将孩子的病治好是关键，别再让他费神费力地看书了，你没看到孩子的眼底都要充血了吗……

四婶像个做错事的孩子一样低着头，半晌，她才叹气道，孩子得了这恶病，指不定哪天就离开了，我这当妈的救不了孩子，躺在医院里这么久，让他受了这么多罪，我不能连个活下去的希望都不给他啊……铖铖很懂事，每次化疗再疼他也一声不吭，还安慰我说，疼是说明还有救，妈妈你该庆幸才是。我不让他落下功课，是给他一个生的念想，告诉他跟常人无异，只是生了场病而已，病好之前不能忘记学习，病好了之后才能跟得上同学复习的进度……

我一个年轻的叔字辈，给四婶一家出主意，将小铖堂弟的患病信息发在网上，发动更多的爱心人士进行捐款，堂弟的治疗就会多一分希望。

四叔觉得可行，四婶却激动地一口回绝了。

她说，我们暂时能够支付得起这笔医药费，再不行还有一套房子，还没到砸锅卖铁的地步坚决不亏欠别人……

叔叔说，网上捐款不需要还的，都是爱心捐助。

那也不行，我不希望以后铖铖在网上看到他生病的消息，不希望他背负更多依靠他人才能生存的压力。他是一个正常的孩子，不需要别人的施舍和馈赠，尤其是生命……四婶坚决地反驳道。

大冰常说，命运善嫉。多么好的一个孩子，为什么上天会给他设置这样艰险的通关路口？我倒觉得孟子有句话说得极有道理：天降将大任于斯人也，必先苦其心志，劳其筋骨，饿其体肤，空乏其身……

这是四婶第三次被校方拒绝她可怜的请求。

在我们那个闭塞落后的山区里，久治不愈的病往往被人避之唯恐不及，校方以“传染性疾病危害其他学生健康”为借口，坚决不接纳小铖堂弟入校。

那是我见到四婶最无助的一天。在校长办公室里，曾咬牙坚持也不接受他人捐赠的四婶，当着校领导干部的面，直接给校长跪了下去。

而最终的结果，也只是换来了保留堂弟的学籍，享有参加高考的资格。

这一切，对于四婶来说已经足够了。

小铖堂弟的骨髓移植，终于在第二年里等到匹配点数相当的志愿者。手术很顺利，并发症也没有多大的反应。

四婶以“饮食忌口”的借口为由，让小铖堂弟安心地在家好好学习，她走家穿巷地找同龄的孩子借阅书籍和笔记。

命运善妒，但强大的生命却从不屈服。

前年高考的时候，小铖堂弟考上了省内一所还算不错的一本院校。

原来，灯火阑珊处空无一人

昨天凌晨一点，我突然醒来。醒之前我梦到了 2012 年正在操场上跑步的小齐，一身黑色休闲运动服，长长的马尾，脸上挂了几滴汗珠。她跑得很认真，好像浑身都散发着光，这个认识了很多年的女生，是我心中无法言说的存在。

醒来后，睡意全无，窗外路灯明亮，微风渐起，拿起手机刷空间，看到她三个月前发的那条动态。她说，就知道没人陪你走到最后吧，你还偏偏不信……

小齐和 H 学长分手了。

H 学长是我的大学校友，因小齐在我学校贴吧发了一条寻找老乡的帖子而结识。

我和小齐不在一个城市读大学，小齐在郑州，我在开封。

小齐是一个很细心，也很会照顾人，但从来不说出来的姑娘。

我初到异地，人生地不熟，出门全无方向感，小齐便将我的个人信息发在贴吧上，在北方的大学里遇到一个来自同一座小县城的老乡实属不易。

H 学长正好就是。

新生开学的接待会上，接到 H 学长的电话说要跟着系里老师接待家长而不能去车站接我时，我拿着手机站在人群涌动的火车站一脸懵逼。

假期回到小县城，我们三个人坐在果饮店里，窗外还飘着点轻盈的雪花，H 学长贴心地给小齐点了杯温热的蜂蜜水，这是 H 学长第一次见到小齐的场景。

或许他们早已不记得 2013 年这个最后的冬天了。那一天窗外的天很暗很暗，街道上全是卖喜庆的红灯笼中国结的吆喝声，果饮店里光线柔和，暖气很足。

小齐说一定要请 H 学长吃饭，感谢他将她的妹妹安全地带回老家。

H 学长一愣，看了我一眼说，其实我跟你妹妹也是第一次见面。

我捧着我的大杯可乐旁若无人地玩起游戏来。小齐说得很对，我是一个没心没肺情商智商基本为零的奇葩。

出门靠着手机导航也能走丢，被人坑骗还能回过头来说声谢谢，还是一个没有支付宝没有淘宝没有微博没有贴吧账号的原始人类。

对了，我还是个吃货，偶尔还能靠写字挣些微薄稿费糊口的书呆子。

H 学长全程微笑地听着小齐对我的吐槽，终于抬头瞅了我一眼，凉凉地说，你妹妹上次把自己的学生卡给弄丢了还不了书，借了书却还错了人，上上次打电话问我打的价钱还能被司机坑了二十块钱……末了，眯了眯他狭长的眼睑回过头问小齐，要是哪天把你妹妹卖了，她会不会记着哭？

小齐哼了一声，她只会帮你数钱……

他们俩坐在一处，挑眉的动作如出一辙，狡诈的双眼像极了一对不怀好意的狐狸。

我大学毕业那年，H 学长和小齐在一起了。她告诉我的时候，我并没有多大的反应，仿佛他俩在一起是意料之中的事情，只是中间耽搁的时间久了些。

H 学长在南京一家房地产公司上班，成天熬夜加班再配上热血沸腾的拼命，一年多的时间就升为部门副经理，准备在南京这边存下买房子的首付。

小齐成天忙着实训，写各种各样的论文，学校的生活也是忙碌得不可开交。

《欢乐颂》在网上开始火的时候，我和小齐在南阳的雪枫大桥上吹着江上的凉风，喝着一罐燕京啤酒，微微有些苦涩，就跟她的心事一样。

小齐虽然没有《欢乐颂》中樊胜美那般资质很高的工作，身边也没有一群像小蚯蚓那般互帮互助的好朋友，但是她有一个让人人都避之唯恐不及的家庭。

她在读大学期间，除了上课，剩下的时间全部用来做兼职。

不要问她最喜欢什么，她最喜欢的是钱。

是的，她很缺钱。

她有一个大她三岁的哥哥，工作不稳定，爷爷奶奶患有不同的病症，全年不离药物。农村父母重男轻女的思想依然根深蒂固。父母为了哥哥的婚事东奔西走，如今的婚嫁不比20世纪的简单，光彩礼就不下十万，还要加上最基本的房子和车。

小齐一家六口人还住着老式的单门独院平房，夏天热得让人发慌，阴天又是屋角漏水，二十多岁的姑娘连一间自己单独的闺房都没有。

两个孩子读书的花费加上老人的医疗开支，让这个本就普通的家庭根本剩不下半点存款。

所以，小齐的整个大学来不及买漂亮的裙子，来不及逃课远行，也来不及谈场恋爱。她的每一天每一分每一秒都在精打细算，对于她来说，时间就是金钱，就是生命。

她无法预料下个月的伙食费是不是没有着落了，也无法预料饥饿与崩溃哪一个会先到来。

南阳市三月份的天气，阴晴不定，经常会在夜里悄然下起雨来。我们躲在桥边公园里的一个凉亭里避雨。

淅淅沥沥的雨，在略显凉意的早春总让人的心情无端地低落起来。

小齐想要考研，无意间在家里提起过，父母知道后如临大敌，怂恿本族亲戚轮流劝服。她的心里很难受，假期没回家几天便出门找兼职。

她说，我想考研，想上更高的学府，想去见识更广阔的世界。活着，不就是为了不断地追求吗？谁愿意永远活在一个小圈子里，每天睁开眼都是芝麻绿豆般的事儿，闭上眼还是那些鸡毛蒜皮？我还是会去考研的，这些年靠自己的努力不照样过来了吗？只要努力，还有什么事是过不去的。

我们要相信，这个世间一定有人过着你想不到的咬牙坚持的生活，也有人过着你想不到的艰辛与负重。

H 学长说，每次跟小齐出去，她总是 AA 制，坚决不多花我的一分钱。我考虑到她的家庭背景，维护她好强的自尊心。我不再带她去高级的餐厅，不给她买昂贵的礼物，不去很远的地方旅行。我怕她兼职赚来的钱因为谈恋爱而挥霍完，更害怕她为此熬夜不要命地兼职……

小齐跟 H 学长的事情还是被她父母知道了。父母像查户口般盘问 H 学长的家庭背景，也不过问两人的感情状况，直接开口让小齐要二十万的彩礼金。

或许这件事情成了压垮小齐心理的最后一根稻草。她第一次跟她那个强势的母亲吵了一架，吵得很凶。

她母亲更是直接放了狠话，你们学历不对等，他一专科生想要娶你不给个十万二十万门儿都没有……我这些年在你身上的投资没有二十万也该有十万了吧。我不管你考不考研，反正大学毕业了就该去给我挣钱，今年一年要是不还我五万，过年就别回来了……

小齐在夜里低低地笑着说，其实我一点儿都不怨我妈，我们家的确很穷啊，也确实没钱啊。她为了我们家自己一天也没过上好日子，她一定是累极了快要撑不下去了。前半生活在穷困和奔波中一定是无奈极了，活生生地被生活所逼迫……

为什么一定要跟H学长分手呢？

她回头看着我说，如果你是我，你也会像我这样做的。都说爱情是找一个人为你遮风挡雨，其实不是的，爱一个人也是不要拖累他，耗尽他未来的所有。

他的父母都六十多岁了，身体也不好，催着他赶紧结婚，我妈又催着找我要彩礼钱，我又何必浪费他的大好青春跟我一起死耗到底呢？

不是都说最好的爱情是势均力敌吗？那最好的婚姻不也应该是门当户对吗？

我给你讲啊，小石头，不是说读书的第三重境界是：众里寻他千百度，蓦然回首，那人却在，灯火阑珊处。以前总是听我们老师讲，讲到最后我也没明白，多好的一首情诗，非得被《人间词话》写成读书的境界。前年我去南京找H的时候，我突然就开窍了，想起了这句词来，在南京火车站附近的中央门等H的时候，是凌晨三点多，你永远都不知道我坐了一天一夜的火车有多累，那天早晨也真的是很冷，我在风中冻得直打哆嗦，分明困得要死，我一抬头看见南广场前的路灯，昏黄色的，一点都不好看。站在我周围的只有我的影子，我看见远处的光影里走来一个人，再仔细一看又什么都没有了。

很久之后，我才明白那个人就是我自己。

我看见她低头的瞬间，分明有一滴泪珠滑落。

人的一生中会遇见很多的陌生人，有的人停下与你同行便成了朋友，有的人匆匆往前成了你生命中的过客。

但无论我们遇到多少人，有些路只有自己走下去，不管天有多黑，路有多坎坷，星星有多寂寥，陪你走过去的只有你自己。

我们生来孤独，繁华落尽皆成云烟；我们生在平凡，破茧成蝶必定用力。这是我们的选择，你可以碌碌无为，你也可以胸无大志，但一定要自立自强。

因为，你想要的生活，自己给的最舒服。

第五辑

岁月如欢，成长注定狮虎独行

人总是要多经历几个春秋，才会成长，才会懂得更多。自己走过了，路过了，也错过好多个春天。人生在世，要知道自己的追求，放飞梦想，努力拼搏。人是地球的主宰，应该发挥自己的主观能动性，不怕挫折，克服困难。其实并没有什么做得做不得，而是你自己想做与不想做。

故事开始之前请结合现实生活
给自己一个定位，
你是一个习惯赞同的人，
还是一个喜欢提出意见的人呢？
这个问题非常重要，
它将决定你阅读这篇文章时，
所持有的态度和这个故事的结局。
有定论了吗？
那么我们开始了。

出发，带着远方前行

入伏后的第四天闷热了一个上午，从下午两点开始下雨。老李刚拉开卷帘门就看见立在台阶上的阿山，头发和半袖衬衫湿了大半，估莫站了好一阵了。

要出远门？老李瞄了一眼阿山脚边的灰色行李箱问道。

阿山只是笑了笑再摇摇头。

先进来吧，老李侧身帮他顺了把箱子，并按亮了灯。

小酒馆的生意一般都是黄昏后才开始，但老李喜欢早些开门，搁置好了板凳桌椅，擦擦弄弄酒具就坐到堂子里，听听音乐并给自己来上一小杯。

酒馆南墙有个小圆桌，桌上摆着一台老式电话，墙上写满了密密麻麻的“正”字，老李拿着抹布弯腰擦桌台又瞥了一眼墙壁，还差一笔就又能凑成一个完整的“正”字了。

准备去哪儿？老李问。

去找她啊！阿山抿了口酒说，干脆又淡然。

阿山口中的她，叫小火。

他们是五年前搬到酒馆对面的。阿山的初次光临是在那年的五月份，他一来就给老李留下了很深的印象。

那天下午三点左右，老李突然听到门口“哐当”一声，于是抬眼望去，西装革履的阿山登场了。他嘴里衔着一支未燃的香烟，双手提着两个沉甸甸的大口袋，因为膝盖撞到了大门上，所以表情有些狰狞。

老李刚准备起身去迎接，对方却已经将袋子往桌子上一搁，并拿出好几个彩带往墙上挂。

还不待老李询问，对方已经开了口，今天是我爱人的生日，我借借场。

这个男人不太懂得人与人交往的路数，生活中大概也是一个笨拙的人。这就是当时阿山给老李的印象。

小火却不同，她张扬，她灵巧，她泼辣，她温柔，好像所有对立的个性在她身上都能找到一个合适的结界点，完美地融合在一起。

所以老李总是想不明白这么一个个性鲜明的人怎么会和阿山这块笨石头在一块。可小火却总是俏皮地一笑，像夏天的雨，任性而可爱。

不过老李发现了一个挺有意思的细节，这男人大概早忘了自己的嘴唇上还有根烟，或许他从开始采购那些装饰品前就已经衔着了，然后一直想着爱人生日的事，结账，定蛋糕，然后来这家小酒馆布置……老李盯着堂子里来来回回的阿山，那张并无太多表情的脸上却有一双极为认真的眼睛。

阿山包了小酒馆的场子却在晚上七点接到一通电话，老李察觉到他眉间的不悦，更是看着他冷着脸挂了电话，但这个男人在面对他时还是极力压制着怒火，以至说话语气有些低沉：我得去公司开会，麻烦老板替我好好招待她。

阿山走了，却不知道那一晚小酒馆并没有一个人光临。

几天后，小火跟着阿山一起来到了这间小酒馆，待老李做好饮品端过去时，两人都已靠着沙发睡着了，阿山的右肩倚着墙，闭着眼睛呼吸闲散，小火头枕着阿山的肩，面色安然。老李十分肯定小火就是阿山口中的爱人，情侣之间独有的氛围告诉老李，就是她了。

因为两人就住在小酒馆对面，所以常常一起来喝酒。阿山总是会撞到小酒馆的大门，小火也老拿这事儿笑话他。偶尔会只有小火一人，要了两套餐具然后再独自离开。也有反过来的时候，阿山会无言地坐上好几个钟头，最终等不到工作同样繁忙的恋人。

现实中能听到的爱情故事并不复杂，甚至会枯燥乏味，人各有不同，其实有很多轰轰烈烈都是每个人自己的奢望。

分开吧，这三个字是小火提出来的。

在去年的平安夜，在老李的小酒馆中，他们两人坐在角落处，老李在柜台里擦杯子，他听到这不愠不火的三个字后便抬眼望向二人。灯光正好落在阿山脸上，老李分明捕捉到他眼里的一丝仓皇，却始终未吭声。

小火走了，阿山在酒馆待了一个通宵。酒醉之际，老李倒是从这个男人的口中听到了二人分手的理由：他们折腾够了。

阿山工作忙，可小火似乎并不比他清闲到哪里去。阿山希望她可以多休息，小火却总是耐不住性子，想出去走走，去外面看看。喏，石头和火的碰撞，一个烧不烂，一个砸灭了却又顽强地着起来，真是生生不息啊。

也是那一夜老李才明白，自己能看到的东西都是极为片面的。

他看不到的是：两人会争执到面红耳赤，也会在冬夜披着同一条围巾散步；会冷战个好几天，也会相拥着不理会全世界……

然而，老李能看到的也不过就是：他们在一起了，他们分开了。

阿山喝了个酩酊大醉，之后的这一年，他每一晚都会来喝酒。

阿山从行李箱中摸出一张地图铺到茶几上，老李睨了一眼，上头好几个地方都用红色马克笔做了标记，得先从这开始，她以前说过会去一趟加州。

你怎么知道她一定会去国外？老李点了支烟问他，伸手点了点那些做上记号的地名。

阿山伸手倒了一杯酒，好一阵才开口说话，最近几天我一直梦到她。

说罢翘起了嘴角。你听过吧，如果一个人醒着，会活在另一个人的梦里。她一定去了地球的另一边。

他的声音变得有些沙哑。放任她在那里的话，她会一辈子活在我的梦中。除了她，我还能跟谁重新开始？

因为对方去了地球的另一端，所以便存在于他的梦中？老李觉得阿山有些幼稚，这种荒谬的理论不是成年人该有的。

日语中有这么个词——无邪气。是指可爱的意思。

有时候将这三个字放在情人间会很贴切，用中文来解释更为绝妙。无邪气三个字背后似乎有：终于磨平的性情，有沉重和空荡，有纯情亦有迷惑。就像阿山这段没来由地臆想和猜测，他做出了判断，他决定去寻找。

这一年中阿山可能变了很多，至少，他不再那么笨拙了。或许回到一年前的那夜，他可能会死死地抓住小火，不会红着眼看着她离开。

阿山没有逗留太久，他和老李告别后又一次地撞上了酒馆大门。这次他倒是自我解释道：这毛病怕是改不了了。

阿山走的时候已经快到晚上八点了，雨也停了，酒馆里稀稀拉拉地坐着几个人。老李倚着大门望着阿山离开，或许短时间内他是见不到这个男人了。

但人生中的道别与相逢又有几人能说得清楚呢？

一阵电话铃声传来，老李灭了烟头再回到酒馆，来到南墙处并拿起听筒贴到耳边，电话那头的人每天只问三个问题：

酒馆的生意怎么样？他怎么样？和谁一起来喝酒了吗？

老李今天的回答也一如既往：还不错，还不错，一个人。

但这次挂电话前，老李不信邪地问了句：你现在在哪里？

几天前就到加州了，想在这里定居，对方回答。

电话挂断后，老李用马克笔在墙上添了一画，南墙上又多了一个完完整整的“正”字。那天晚上的老李心情格外好，他觉得自己似乎参透了一段感情：

不在那个人身边，但至少能暗自打探那个人的消息。

不愿她只活在余生的梦里，所以很快，很快就去见她。

五年后。

老李还在经营着他的小酒馆，看来来往往的人，听形形色色的事，偶尔想起阿山和小火这一对性格迥异却又无比合拍的小情侣，然后感叹一声时间过得真快啊。

五月的某一天，老李刚拉开门就看到一位久别重逢的客人，小火回来了。

拿着行李箱站在酒馆门前，让老李恍惚想到五年前阿山离开的那天。小火回来的那天正好是她的生日，许久不见的小火褪去了身上张扬的火焰，多了些成熟女人的气质，老李好奇地勾着头往后看，却没看到想象中的人。

别看了李哥，我一个人来的，小火笑吟吟地说道。老李讪讪地点了点头，又回到了柜台后面。

看来还是没抓住啊，都跑到那么远了，真可惜！老李暗自想到。

小火说，这估计是她最后一次回国了，以后真的要在加州定居了。看着老李欲言又止的表情，接着道：阿山不在了，在去加州的飞机上。我这次回来就是想再看看，然后就真的离开了。

说这话时她的表情在灯光昏暗的酒馆里，明明灭灭地让人看不清。

老李以为他参透了一段感情，却没想到这段感情终究没能躲过命运的捉弄。小火再一次离开了，老李想这次估计是不会再见了。他为这段感情感到惋惜，却又无可奈何，他始终都是一个看客。

是啊，感到惋惜又如何，这世上一帆风顺的人太少了，一帆风顺的爱情也太少了。我们能做的不过是拍拍屁股，擦擦眼泪，然后继续生活，带着那份爱，带着那颗心，重新踏上新的征途。

我的世界有这样一个角落

阳台上的水仙即将绽放，书桌上花瓶里插着几支冬梅，冷香散开。

落地窗外是蓝得透明的天空，还飘着几片云。楼下是洒满阳光的篮球场，我托着下巴出神地看向窗外冬日的午后，格外宁静，杯里是冷却多时的咖啡，仿佛时间静止，呼吸不在。仿佛一切都没了回声。

我记下了这个午后的姿态，它会活在我的文字里。

喜欢一个人躲在宽大的房间里，赤着脚，坐在白色的地板上，任长发懒散地披在肩上，一本书，一束投在地板上的光。这，便是我的一下午。

喜欢一个人坐在书桌前写着日记，纸上尽是些凌乱不堪的字迹，看着窗外的星，思绪也不知又到了哪个地方。

有人说，和文字沾上边的孩子永远是不快乐的。

我想，大概是这样的。在宁静的日子里翻着手里的书与时光对坐，枕着书入眠，带着书远行，在书中沉淀着自己。

2014年9月8日，中秋。

本来想独自一人在这穿过黑夜驶过无边的荒野经过一个又一个陌生城市的列车上就着窗外的明月突发奇想给你写一封信，却不知道该写些什么，也不知道该对你说些什么。夜色阑珊，远在南方海滨城市的你是否还在江上？或者你和我一样身在不同的异乡正与我一般看着天边的那一轮圆月？秋风渐起，寒冷袭来，那些牵牛花也都凋谢了。我们许久不见，是不是等到冰冷的季节真正来临，是不是我还要等你一年又一年，才能走到你的身边？而你是否会穿过人海走过尘埃紧紧地拥我入怀？

只是，亲爱的，一切都是我安慰文字里的自己而已。

经过这么多年，我记忆犹新的是你穿着白色衬衫站在风中的样子，干净的少年眼里仿佛装满整个年少的忧郁让人心疼到心底。你从城南走来，身后是一条阳光曝晒的长街，风吹起你额前的碎发，你的嘴角微微上扬，笑着从我肩上拿过书包。

说一句：等你很久了。

我看着你浅笑不语。然后我们在毕业的催促下匆匆地将素面朝天的青涩面孔定格在一张张照片中，就在遇见你的那个阳光盛开的夏季。

还记得我们站在考场外，每一个老师带领着一部分学生，你在那些同样牛仔裤帆布鞋的面孔中远远地看着我，眼里微微的笑意，逆着人流走向我。那一刻我转过头去有种想哭的压抑。

因为我听到你说的是：好好考试，没有什么是你不行的，你复习得那么好。

我想起在离校的时候你站在栀子花下说，前程似锦，勿忘此时。

我回过头，却再也寻不到你的身影。我知道，我感觉到你一定躲在人海里的某个角落透过午后的熙熙攘攘一如曾经那般安静地看着我。只是，我不知道，未来我会丢了你，丢在了从来没有想到的世界里。

若是现在的我知道会发生我们从没预料的转折性剧情，

我一定让时光在此刻停止，我一定会不放弃，不放开你。

可是我不是哆啦A梦，我也没有时光机回到那段时光去紧紧地拥抱你，然后再也不放开，任由时光匆匆老去。

听人说起你的时候，我手中的笔还是会有一秒的停顿。

离校的那一天，我抱着装满书的箱子路过那排葱郁的栀子树的时候，你从对面走来，就站在那栀子树下对我说：前程似锦，勿忘此时。说完你转身朝着相反的方向走去。我看到你肩膀上方的那朵栀子花沉甸甸的，就要盛开了，踮起脚尖将它摘下，夹在书中。淡淡的花香，不时散布在我的文字里。

2014年11月22日11点43分，当我写下这段文字的时候，我在这深夜慢慢拼凑你的样子。在这北方的冬季，窗外寒风呼啸，冷冷地下着小雨，这陌生的城市，一个人怀念五年前的你。也只有我，在世界的另一边，同样下雨的夜晚，平行而望，隔岸感伤。

而你在另一座城市，同样不曾想到多年后的某个夜晚，我在陌生的城市抵制不住地想你。你又在想什么呢？是否早已在梦境中忘记了当初的自己？没事，你还活在我的记忆里。这样，就好。

当我在日记本上用铅笔写下：我永远都不会参加你的婚礼，我只会等着参加你的葬礼。这句话曾在我十六岁那个年龄被传为最恶毒的言辞，我没有一个字的解释。没有人会知道，这是我写过最悲伤的话语，就这样寥寥数字。

每次读到这句话时，内心穿过巨大的难过抵达荒凉的原野四处飘荡。窗外的香樟树开的米白色的花儿像阳光一样烦闷而静止着，水龙头哗哗的流水声依旧沉浸不了慌乱的心情。

这是我第五次在路过你的教室门口遇见你，你好像还是那么清瘦，即使你就在我的隔壁。2010 年 9 月，我还是选择和你上一个学校。依然安静地读着书写着散乱的文字看窗外的风景发呆，只是你开始堕落为吸烟喝酒打架逃课上网被学校屡次处分的全校皆知的坏学生。陆陆续续地都是你的负面新闻，当我抱着几十本厚厚的作业经过你教室走廊的时候，一群男生开始拦截起哄，进退不是，作业掉了一地，我蹲下来捡那些被踩过的作业。你出来挡在我面前推开他们说：不准欺负她，她是我妹。我匆匆地拾起作业低着头离开，你在我经过你身边时问我抱着重吗。

我摇摇头匆忙地离开。好像离开连告别的时间都没有，其实这样也就足够了。

不是吗？有的时候不说话也应该算是最深沉的回答。

2011 年伊始，当我的手机里收到你发的第一条新年祝福短信的时候，我将这第九个陌生的电话号码默默地记在了心里。我站在天台上将手中的许愿灯缓缓地升起，那个叫作安雨的女生在夜空下用娟秀的毛笔字写下：心雨，你在。

你在那样上演着幸福味道的日子里或者无忧无虑的假期里是否还是骑着单车去几十里外的无人区疯狂打发自己的时间？自在如风的少年，你归来的时候，我多么希望你的白衣不染尘埃，依旧如初见时素净似莲 。

很久以后，想想，你不过是一个过路人而已。

在最懵懂的季节，在少不更事的年龄遇见你，惊艳了美好的时光，从此荒芜了整个年华，写在文字里的你，如水纯洁，如光明媚。欣喜地将你收起来藏在心底，等待着一个下雨的午后，把你翻开，有些泛黄的纸张上，还残留着青春的味道，浅浅地笑了。

这段纯真的时光里，有你，我的世界不再是一个人。也许，我等的不是一个人，也不是一个故事，而恰恰是你打我的时光路过，扰乱了所有的流年，然后不紧不慢地正好被我遇见，于一个转身，流光散落，于茫茫人海中成为一个过客。如果，那天没有遇见你，梦就会现实得不美丽，愿如雾朦胧，如烟惆怅，在最美丽的岁月里，还好，遇见了你。

秋日的阳光温柔地洒满学校后面那条长长的街道。记忆中的那天下午，懒洋洋的阳光安静得好像时间都要静止了。上一秒正在买爱吃的绿豆糕，抬头看见化着厚厚的烟熏妆，将染成黄色烫成一丝丝的头发扎成两个蓬蓬的马尾，鲜红的唇一直蔓延到酒窝，穿着绿色短裤的她；下一秒我拉着闺蜜从佳美乐里头也不回地走出来。走在右边一路阴影的街道，低头用力撕开手中的包装袋，闺蜜扯着我的手臂，绿豆糕洒了一地。我正欲问闺蜜怎么了，就看见了你从阳光密布的左边街角走来，半年未见，你还是那样温暖的微笑，很暖很暖的微笑。

只是我感觉有些冷，仿佛我隔了好些年不认识你了，那种陌生的感觉，竟让我有那么一瞬间不记得你，不认识你。

闺蜜后来说，你老远微笑着打招呼像久违的朋友，而我正认真地低着头拆绿豆糕的包装袋，可是，我没有听见。

或许，那个秋天只是我们最后的遇见，热情终会冷却。现在想想在佳美乐超市抬头看见她的那一刻，她幽幽的眼光好像有话要说，却因为不认识只有不住地回头看我。

而在街角的相遇，只是你在做漫长人生最后的告别。你有要走的方向，我们不同道。我也知道，陪你走下去的，是她。

当朋友对我说，你被学校开除了，我的心咯噔一下。我从桌前的那堆资料里抬起头看看黑板——距离高考仅剩126天，然后低着头继续做那些密密麻麻的数学题，努力让齐肩的头发遮住我已经红了的眼眶。

书上说，心痛不是臆想中的疼痛，是真真实实的生理上的疼痛。我一点都不难过，只是难以压抑的痛还在蔓延。

你永远都不会知道，在听到你要结婚的消息时，周围嘈杂的说话声、争吵声，在我脑海里是静止的。小姨说我脸色那么难看，我摇摇头，还是控制不了泪水肆意涌出，跟我一样的悄无声息。安静地拿着书，眼泪越擦越多，在那样一个敏感的阶段，任何人都不敢触碰有关压力的词语，而你，是我心底最易断裂的那根弦。原谅我的脆弱！我想再也不会有一个静静地趴在书桌上无声哭泣的女孩，在那2012年的冬天，在两节课的晚自习上。

我想再也不会有了，不会有这样的我，也不会有这样的年龄，更不会有这样的日子，还有青春。

这一切戏剧性的情节，其实都是注定要发生的，所有的片段在青春的旅途中早已埋好了不可逆转的伏笔。只有深入其中，等一切落幕后才知晓，这都是真实存在过的。

其实补课的那个夏天，她坐在第一排，突然在课上呕吐，然后哭了。我们班的学生坐在最后，目睹了这一切。我将脸贴在桌上，听着窗外乱糟糟的车流声，思绪飘荡在夏天的香樟树里。

我手机里一直存着你发的那条短信。如果还有机会，我的回答依旧是，你没生病吧。

那些年你身边的女朋友换了又换，我一直都在，以朋友的身份。我一直在等着你成熟，用尽了整个青春时光也未换取你一天的成熟。

我们认识快十三年了，你总是说跟我在一起是一种很安静的感觉。

是谁说青梅竹马从来都没有结局？我想就算是温水煮桃花，也会木兰树下，让记忆把所有的话语都变成冗长的回声，拖着沉沉的尾声。

你不会记得你用移动人工服务给我点的歌，时间久得让我忘记了到底是什么歌曲，却依旧记得那时心是满满的欣喜，想起嘴角依旧洋溢着微笑。

你也不会记得当你带着我逃过门卫的视线，看着合影时依旧皱着眉的我，笑了，说，有什么好怕的，不是还有我吗？而记忆中的你一直是微笑着的，似乎所有的事情都能迎刃而解。

你不会记得在拥挤的人海里，你大声地叫着我的名字，我站在原地看着你挤过一个又一个陌生人，低着头从兜里掏出用信纸抄着的歌词递给我，我并没有忽略你嘴边微笑的弧度。

你也不会记得当我陪朋友在精品店无意看到那银色的手链，上面挂着一颗心型和一只鱼的吊坠，一种似曾相识的遇见总会如期到来吧。而那条手链恐怕你早就遗落在时光的尘埃里了。你不会知道，陪了我五年的手链在那次假期登山时，我将它紧紧地握在手心再狠狠地抛到空中，亲眼看着它直线坠落，转瞬消失。

你更不会记得你站在雨中淋了一夜的雨，喝得满身酒气，我辗转反侧，一夜未眠。

当然，这一切你都不记得了。

那些年的情书，在发黄的信纸上，你只会惹得我忍不住伤心。你一直纠结的答案，你问了我五年前同样的问题，这样也好，我们的青春算是扯平了！我让你一直嫉妒你自己这么多年，当我想起你的微笑，我想这就是青春的记号吧。而我只想说，你的世界，但愿都好。

2011 年，我在北京的那条街上认认真真地走了一遍，那些你经常走的路穿过的胡同，仿佛你一直都在，一直。

2013 年 7 月，当我再次站在那条街道时，我不会说，我记不起那些事情的感觉，就像用言语去说静默。而那条街，像一直都没存在过一样。

有人说，怀念是生命中最无能为力的事情，满心疮痍，你以为你老了，其实那是空了。那些年的秘密，这些年的我们，所有冬天的你我，那个冬天的生日，那个冬天的哭泣，那个冬天的绝望，都会在这个冬天彻底冻结，在来年的春天一点一点融化，直至消失不见，再也找不出一丝痕迹。

现在，我把所有的回忆全部还给你。彼此不相欠。

我的青春现在都在这，就是这样过的。

我留给青春的只有这段不长不短的文字，有些文字只属于一个人。

写的是你，也是我。

沉沉浮浮，兜兜转转，都不过是，再也没有关系了。从此，尘与路，不相逢。

从今以后的路，要一个人走，岁月的悲与喜，皆是成长的印记。

似乎保守的人都有一个共性，
喜欢待在自己的舒适区，
不敢去做一丝一毫的尝试。
都说年轻就是资本、是希望，
年轻可以犯错，可以无所顾忌，
可以肆意挥霍，可以为所欲为，
所以趁年轻，
还是多尝试吧，
别活得那么保守。
你不去尝试就永远不知道，
你有哪些可能。

你那么年轻，别活得那么保守

我认识一个网友，很有梦想，规划的未来很美好，几乎每次聊天都会听到有关于未来的美好设想。

他在一家央企上班，工作清闲，有大把的闲余时光，而他内心深处有一个梦想，想成为一个作家，想出版一本署有自己名字的畅销书。他不止一次跟我念叨这个美景，幻想着自己现场签售火爆的场景。

每每这个时候，我都会给他来个当头棒喝，把他从虚拟的美梦中拉回现实。

有的时候，光说不练听得多了就心烦，“你有那个愿景，怎么就不见你脚踏实地地去实践呢？”

“写书光靠天马行空的想象是不行的，你得把它变成文字，用键盘或笔跃然于文档或纸上。”

道理都懂，可就是不见他有所改变，还是依旧待在他的舒适区里。文字对他来说，或许本来就是一个美丽而羞涩的梦，可遥想，可远观，却不能触碰。

这个网友，之后我们就鲜有交流，但还是留有他的微信，透过他的朋友圈，还是可以窥探一二，从其发表的文字状态来看，可以看见其内心的挣扎。但所有的改变都应付诸实践，光靠想象是不能实现梦想的，得落地行走，才能到达想去的目的地。

A 同学成了一名律师，出乎我们所有人的意料。

我们 2012 届新闻学的两个班总共七十一人，有五十多个女生。

毕业之后，绝大多数女生都回到自己的老家站上三尺讲台成为一名人民教师，按部就班地步入生活的正轨，而坚持从事本专业的女生少之又少。

前一段时间，在市日报工作的路心约我出去聚餐，酒足饭饱之后，两个刚刚从大学毕业的小年轻，在步行街的大排档边从诗词歌赋聊到人生哲学，对于眼前的生活，对于当下的世界还是持着最温热的欢喜。

路心突然问我，你还记得A吗？她现在是一名律师。上个月在第一人民法院庭审一起案件，竟然在律师席上看见了A，她真的跟过去不同了，利落的短发，干练的装扮，一身黑色的简约西装透着一股雷厉风行的干劲儿，说起话来也是妙语连珠，滴水不漏。整个人的气质跟以往简直是天壤之别……

A成了律师，这听起来是一件不可思议的事，但她就是成了律师，自信，优雅，光芒万丈。

她是我的大学同学，读书时就是一个隐形人，学习平平，据说还是被调剂过来的。人长得胖胖的，性子还有些古怪，在个性张扬完全不缺乏各种大神的新传系，只要她不吭声，就没有人发现她的存在。

但是听路心说，她成了律师，还是个小有成就的律师。

原来，她大学的时候就想做律师，但我们学校毕竟是一个理工院校，她就只能自己偷偷努力，从大三开始，努力了三年，最终通过了国考中的司法考试。然而，通过司法考试，只是获得了做律师的资格而已，她又用了三年的时间，从助理做起，成为今天能够独当一面的优秀律师。

许多二十几岁的人都会跟你一样对未来比较迷茫，在你的能力还不足以撑起你梦想的时候你只有不断修炼自己，等待着厚积薄发的那一刻。迷茫的人大体相同，而有目标的人却各有各的目标。

某段时间里你总是会有许多想法，而且在短时间内你也会为这些想法做些什么，只是后来当你遇到了前所未有的困难时，你却选择了退缩，那些能实现的和不能实现的想法到最后统统都不能实现了。

在朋友聚会的时候，你总会听到别人说关于迷茫的看法，所以你才会觉得迷茫是这个年纪大家都有的，然后就放松了提升自己的能力，随波逐流。但是你未曾看到或听到那些有目标的人是怎么努力的，他们可以屏蔽身边一切否定的声音，努力地向自己的目标靠近。

看着身边的朋友或多或少都有些成功了，你可能会又嫉妒又羡慕。但是你只看到了他们成功的一面，并不知道，他们成功背后付出的汗水和艰辛。

当青春从象牙塔逃离的那一刻，我们毫不犹豫地告别了寒冷的世界，带着落叶归根的心绪在一片平静的城堡里当起了自己的国王，在温暖的世界里消耗着年轻给予我们的养分。

曾经的年少轻狂，曾经的冲动梦想，就像是河流中的石子，在经过源源不断地冲刷之后变得圆滑。我们像鸟巢里的小鸟，被温暖的羽毛包裹着，太阳斜射进来照耀在我们身上，翅膀下的光影，游走在梦与现实的边缘。

在时光的十字路口，沿着记忆的脚印找寻，找寻当时那个幼稚腼腆不爱说话的风一般的少年。站在他的面前，静静地聆听那个少年内心深处的密语，这是岁月尽头传来的清脆声音，里面闪耀着光辉信念的箴言。

日子就像钟表上的指针，一圈又一圈，不经意的轮回，让一切又回到了起点。宁静的故乡，厚重的烟土气息，忘记了是怎样一步步走到这里的。那些数不清的被汗水洗刷的白昼，无数个黑夜颠簸的旅程，让肩膀上的重量越来越沉重。鞋子重重地把路面的大雪踩实，留下清晰的脚印像路标一样指向遥远的未来。

每个人的一生要经受岁月的打磨，在山重水复的流年里走过，在被灰尘摩擦中赋予一个又一个标签，被无数的时光洗礼出璀璨的记忆。这中间，享受过成功的喜悦，分享过失败的经历，泪水和汗水都曾经在我们的脸庞流淌，此去经年，它们都将成为我们身上不可多得的妆点。

每个人都应该走向远方，走向远方才能让生活更加辉煌，就像身穿银色盔甲的骑士那样去披荆斩棘，像展翅的海燕那样扇着锋利的翅膀去搏击风浪，像对明天抱有信念的智者那样去寻找遥远的苍穹，在渺无人烟的土地上拾起末世的苍雪。

在一个地方待得太久，会变得麻木，会失去展望世界的欲望，会被固定的乡土气息渲染，让眼界变得狭隘。

“背上行囊，就是过客，放下包袱，就找到了故乡。”在平凡而又不平凡的世界里，我们是不是应该尝试着做一个旅行者，去探索，去寻找，去挖掘。世事无常，你不知道下一秒谁会出现在你的生命里，不知道下一秒与你擦肩的人群中会不会有人成为你未来的引路人。

一个人总要选择一条未知的道路做一次旅行，旅行中可以看清内心深处真正需要什么。一路上点点滴滴的心情，磕磕绊绊的路程，所有以梦为马的日子，都会在经年之后成为内心深处最美的典藏。

人生就是由一场又一场旅行组成的长途跋涉，重点不在于旅行的目的，而在于旅行过程中收获的心情。我坐着轻快的绿皮火车在蜿蜒的铁轨上前行，穿越无数的隧道，隔着窗户拍下飘忽的白云，在险峻的草地上摇旗呐喊，在豪迈的大山之巅放声高歌，在苍茫的湖边缓缓驶过，数不清的风景勾勒出一幅明媚的风景画，心中回荡着出发时的豪言壮语。旅途中你会愈来愈接近那个真实的自己，也会渐渐看清世界本来的样子。

回首过往，仿佛时光倏地一下就消失了。曾经我们是坐在教室里摩拳擦掌、厉兵秣马的勇士，手中的纸笔是我们的武器，酸涩而甜蜜的恋情和焦头烂额的考试就是我们头顶所有的天空，我们以顽强不息的姿态迎接每一天的搏斗，未来就像是黑夜里跳动的光团，闪烁在我们的心中，那么耀眼。

如今，我们背着行囊，仍然像战士一样迈向远方，远离了曾经那个题海肆虐的战场，战斗却一刻也未曾停歇。

可能很多人觉得旅行本身是一件无意义的事，我觉得年轻就是资本，我不知道以后我会不会还能在这样一个阳光灿烂的日子里，狠心地告别过去，去追逐一场目的不明确的旅行。我也不知道在这样一个放肆的年纪，青春于我而言真正的意义是什么。

毕竟青春就是一场赌博，赌赢了就赢了，输了也没什么大不了。给自己一个挑战的机会，输了我们也不后悔。

想起郭敬明说过的一句话：要拥有梦想才能看清楚现实，要经历过痛苦才能得到幸福。要放弃很多的坚持，才能得到微小的回报，要褴褛很多年，才能披挂上那袭华丽的战衣。要经历很多很多的失败，才能站上那道绿草茵茵的迷人山岗。

六月是高考季，
六月是毕业季，
六月是就业季，
六月是……

你的执着，是无可阻挡

二十八年，我生活在祖国大陆肥美的土地上。二十一岁以后，有大半的时间，我马不停蹄地奔泊在城市的大小角落。

你问我在忙什么？

我在卖东西。

卖什么？

我什么都卖。关键是……你买吗？

董洁说：有买卖的地方，就有你马麦的存在。你果然没有辜负你的名字，马不停蹄地卖卖卖。

我占你家地盘卖东西了还是咋的。

什么鬼逻辑。

二十一岁的时候，我在一所近乎六线的小城市里，专科毕了业。

我拿着我的简历，兴致勃勃地穿梭在一线城市那摩肩接踵的人才市场。不停地奔跑，兴奋地想着：本小姐终于大学毕业了！从此，我也是一名大学毕业生了！

大学生，嗯，这个名头很响亮。在我们老家人的观念里，上了大学的孩子，就是知识渊博，见多识广的人才。人才！你懂吗？

虽然我只是个六线的专科学校毕业的学生，但是我一直认为自己很了不起！因为我自信，所以我骄傲啊。

我充满信心地幻想着，我被某某企业的招聘人士看中，他欣赏我的才华，一路面带微笑，引领着我走进了企业的大门。我通过自己的不懈努力，一路青云直上九重天！

然而，我错了。我一次又一次地被告知：对不起，您不符合我们的招聘要求。又或者：不好意思，我们这里已经招满了，您可以去别的公司看看，真是不好意思。我才突然意识到，什么招满了，分明就是不想要我嘛！

我很生气，后果很严重！我拉住一个公司的人力资源主管，对他说：你们明明就没有招满，为什么不能给我一个机会？

他回过头，不屑地瞥了我一眼："小姑娘，不是我说你。你看看，这里面试的人这么多，哪一个不是认为自己才华横溢？你自己对比一下看看，你一个名不见经传的专科毕业生，我连你学校的名字都没有听说过。你再看看其他人的，985高校、211高校、本科、硕士、博士！诶，你知道什么叫硕士生、博士生吗？你也不看看自己几斤几两！而且你再看看你的样子，你拿什么跟别人比。我劝你啊小姑娘，你还是回你家乡吧，那里比较适合你发展！"

"你什么意思你，看不起人是吧？"

"这小姑娘，脾气还挺大。我给你说啊，我这不是看不起你，我是在教你认清楚现实，懂吗？"他甩开我的手，径直走开了。

我愣在了原地，旁边的人指指点点，我听见有人在说：真是，也不看看自己什么模样什么水平，就这还敢出来闯社会？还有人在说：这是上过大学的吗？简历是假造的吧？我看啊，她倒挺适合回家结婚生孩子的！

我听见了有人哄笑的声音，我听见了嘲讽的声音，我听见了……

有钱了不起吗？长得好看了不起吗？名校毕业了不起吗？

我还偏就不信了！

然而，残酷的现实告诉你，有钱就是了不起，长得好看就是占优势，名校毕业的，他就是比你有能耐！你想怎么着？不服？不行！

你问凭什么？

凭你没有别人有钱，凭你没有别人长得好看，凭你不是名校毕业的本科生、硕士生、博士生……

于是，在那个燥热的夏天，我不停地找工作，不停被工作拒绝在敞亮的大门外！

很快，便身无分文了。

我被房东赶了出来。原因很简单，我交不起房租了。

我回到租住的小黑屋时，看到门外被房东扔得零落一地的行李时，我在想，等我有钱了，拿一沓甩你脸上，砸死你！

没有人愿意借钱给我。这个社会为何如此现实？说好的有福同享，有难同当呢？

最后，一个很久不联系，关系也不是特别好的同学，借给我五百块钱，那是我全部的家当。

我说：我一定会加倍还给你的，你放心！

我留了一百块作为吃饭和急用，用剩下的四百块批发了一些精美的小饰品，成本不是很高，但是利润可能也不会很好。

我在这个大城市的校园门口，或者马路边的天桥上，摆起了地摊。晚上的时候，可能睡在天桥的下面，可能睡在附近自助取款机的小空间里，像个乞丐一样。不过，乞丐应该是吃不起馒头的吧？

我没有告诉任何人，我的现状是如此艰苦。我想，即便说了，也不会有人相信吧。

我要在这个城市里，扎根、发芽、成长、开花。

总有一天，我要让你们都看得起我！

那段时间，因为极度的疲劳，再加上营养明显跟不上，我快速消瘦下去，脸也有些发黄。以前的我，可是个小胖妮儿。

瘦下来的时候，我突然想到一句话：人比黄花瘦！

不过还好，我的“生意”，是没有赔的。我不停地换着卖东西的地方，只为了躲避城管的追赶，和同行的欺凌。

这个城市的女孩子很爱美，长得也好看。最重要的是，她们很有钱，也很舍得花钱！

这个城市的男孩子，也都是不差钱的！

爱美的女孩子喜欢装饰自己，喜欢美丽的女孩子的男孩子，需要讨好看的女孩子的欢心。

我卖的饰品都是经过精挑细选的。为此，我还特意搜了一下校园女生喜欢的饰品类型。本着“薄利多销”的经营原则，一开始的时候，我没有卖得很贵。一件商品也就赚个几块钱而已，一天下来可能也就是几十块钱或者一两百块钱的利润。

因为我没有太多的钱可以用来批发商品，所以我只能当天卖，然后用头天赚来的利润和回收的本钱，在次日早上起很早去批发。

已经是十月底的天了。我需要尽快获得更多的收入，这样便可以在冬天来临的时候，住进暖和一点的屋子。

我已经不卖精美的小饰品了，毕竟它们利润太低，我需要长久地生活下去。我赚取的外快现在够我批发一些稍微大件的商品，只是量不多而已。

于是我卖起了相对便宜些的衣服、鞋子等。

我发现，这个城市的人虽然很有钱，但也是贪图便宜的，而且衣服这些东西，他们很多人只穿一个季节就不再穿了，所以不会买太贵的。

我的东西都是我跑了很多批发市场，对比之后拿的质量不错价格不高的。

我不再像以前那样嚣张跋扈，我开始明白，为了生活，人是需要放低姿态的。

对待每个前来买或者看商品的顾客，我都用最好的态度面对他们。

时间就这样一天天过去。冬天来了，我如愿住进了有四壁的屋子里，虽然这个屋子很小很小。不管怎么样，在冬日的晚上不用顶着呼啸的寒风入眠了，这样就挺好的，但是，还不够好。

我已经二十三岁了。这两年多的时间里，我卖过很多东西，哪个赚钱我就卖哪个。种类多得我已经记不太清了。

我在夏日里挥汗如雨过，也在冬天里瑟瑟发抖过。

我还清了当初借的五百块钱，还存了一些本钱。

只是相对于这个城市的人来说，我还是穷苦大众中的一员。

我想，我得改变自己的现状了。

我租下了一间很小的门面房，大概二十平方米的样子。简单地做了装修，在里面有序地排列着我的商品。

别小看这小小的门面，它的租金并不低。因为这个地方，也算是这个城市比较大的人群聚集地之一，附近还有几所高校。

我从原来的房子里搬了出来，直接住进了店里。这样可以剩下租房子的钱和水电费。

至少，再也没有人能把我的行李扔出去，我也不再被城管追着满街跑，也不用像以前那样被同行任意欺负了。

爱笑的人，运气不会太差；努力奋斗的人，会有更好的运气。

我经营这个小小的店两年了。好的时候一个月净赚七八千，不好的时候也就一两千，有的时候仔细算一下账，还会赔掉一些，因为这间小店的租金上涨了。

其实这些年来，我赔掉的生意不是一单两单，甚至还会收到假钱。所幸我的生意一直不是很大，赔出去的一次来说也不会很多，只是对于给我假钱的人，我觉得他们不止坑过我一个人，被他们骗了的，一定还有很多。他们应该受到惩罚。

我还记得有一次收了一张假币，一百元的，那个人买的东西不过一二十块钱。那个时候的我，还睡在城市的某个小角落里。那次赔掉了我两三天的利润。

很多人会说，你两三天才挣几十块钱吗？是的，那个时候，我真的可能两三天才挣几十块钱。

也有人会说，我们的祖国繁荣昌盛，你这么穷，一定是你自己不努力。

我不努力吗？我一直在努力。我通过自己的双手，满足生活所需，有什么错吗？

店面的租金越来越高，压力越来越大了。我决定把这个小店盘出去。

我想再去那些公司里试一试，从哪里跌倒，还是要从哪里爬起来的。

董洁说，你这么多年都在自己摸爬滚打，为什么不继续自己干呢？

我说，我想去看看他们是怎么做的。

董洁，是当初在我在最落魄的时候，雪中送炭的那个姑娘。很感谢她，真的！

如今，我已经不再是四年前口出狂言的自己，也懂得隐忍自己的情绪了。

用这个城市的话来说，我是个有四年“销售”工作经验的人，而且我还一直是个“管理”人员。

我没有去太大的公司，他们还是看不上我的。我已经有了自知之明。

在碰了几次壁之后，我找了一家规模只有一千人左右的小公司，见了他们的人力资源主管，说了我的情况。

我说，请你给我一个机会，我一定会努力做得很好。

她是个和善的姐姐，沉思良久，对我说：“那你试试吧！不过，你也只能做基层的销售员，业绩好的话，才会有机会爬得更高。不好，我就只能让你走人了。”

“嗯，好的。我一定努力，不让您失望！”

很感谢她给我说了这么多。谢谢善待我，给我机会与生活勇气的每个人！也感谢那些看不起我的人！

我很努力地学习着公司的业务知识和销售技巧。为了不给那个姐姐丢脸，为了我可以见识到更广阔的天地。

刚进公司的前几个月，我是没有做成单子的，我得先熟悉业务知识和销售技巧。偶尔有个客户，还会被他们抢走，这个城市的很多人，真是没有善意。暂时我也懒得和他们计较，我失去的，你从我手里夺走的，我一定会拿回来的！

很快我便摸清了这里面的门路。一开始的时候，我要独立寻找客户。我依旧奔赴在城市的大街小巷，但是动力比以前足了很多。

有了客户的时候，开始是我的上司带着我去签单。我就在旁边听着她说话的技巧，学习她的方式。

慢慢地，我可以自己独立面对客户了。

一年多了，我的业绩做得越来越好，给公司带来了不少利润。公司决定培养我做管理层的人员。

有些人背地里说我各种坏话，说我得到领导的青睐，一定是有“原因”的。

我懒得和他们计较，有大胸怀，才能成就大事业。

我接受了公司的管理培训，又因为业绩良好，成功晋升为主管。

在这样的小公司里，只要你有能力，并且足够努力，晋升其实是很快的。

我带着自己手下的几个小员工，努力地为公司创造利润。最差的时候，我们团队的业绩也没有下过全国第六。没关系，六六大顺，我们会越来越好的，相信我！

我要过二十八岁生日了，我依旧单身。在他们的口中，我俨然成了“单身的老女人”！

我想，那就让我再单身几年吧！我要做更好的自己，我要与我的爱人比肩而立。

在二十八岁即将来临之时，我晋升为公司的业务经理！

当初给我机会的姐姐，公司在其他地区开了分公司的时候，她已经调往那里担任领导了！谢谢她给我机会，好的运气也会一直伴随着她的！

如今在这个城市里，我算不上富裕，但也吃穿不愁，小有盈余了。

我们的公司也在日益强大。如今，看着那些前来应聘的毕业生，有的时候我也会残忍地告诉他们：对不起，您不符合我们的招聘要求！

我想，人总是要摔一跤，才能学会成长的吧！

未来的我，不知道会成为什么样子。但是我相信，未来的我，会很优秀！

那么现在，只要你有足够的能力，愿意虚心学习，愿意努力，我愿意站在六月里等你。

你，会跟我一起走吗？

人生没有白走的路，每一步都算数

前一阵子，看了李宗盛的一部宣传片。他把自己的人生感悟融入那段几分钟的小短片里，告诉所有还在努力中的人：人生没有白走的路，每一步都算数。

不过是一部几分钟的小片子，却让所有看过的人心生万千感慨。原来，每一个生活过行走过的地方都会刻在生命里，化成自己独有的气质。

我们的生命里，藏着我们读过的书、走过的路、爱过的人；那些奋笔疾书的夜晚，那些煮茶读书的日子，那些背起行囊流浪的岁月……它们串联起来，才能换来我们现在丰盛的人生状态。正如李宗盛在短片中所讲的那样：时过境迁后终于明白，人一生中每一个经历过的城市都是相通的，每一个努力过的脚印都是相连的，它一步一步带我们到今天，成就今天的我们。

所以，我们要对生命中的每一个阶段都有所敬畏，对每一次努力都有所珍视。

读研的时候，我曾帮一位老师做过一个与非洲相关的项目。那位老师不是我的导师，所做的项目我也不是很感兴趣。可是，因为我本科学过法语，而研究非洲国家的历史又必须参考很多法语资料，所以那位老师要求我和他一起做项目，而我的导师也同意了。

起初，我对完成这项任务非常反感——我总是觉得自己是在做一件很累很傻的事。可是，任务压在身上，又不得不做。于是，我只好每天背着电脑和很厚的书去图书馆，耐着性子一点点翻译、一点点整理，再拿着材料去和老师分析探讨，花了近半年时间，才终于写完项目规定的论文。我长吁一口气，觉得以后再也不用和非洲相关的问题打交道了。

可人生总不会完全按我们的意愿发展。又过了一年，我准备写毕业论文了。然而，在开题时我遇到了很多麻烦，以至于论文题目迟迟没法确定。导师让我想一想自己对哪方面的问题有较为深入的研究，我低头想了半晌，说出两个字：

"非洲。"

我没想到，这个我当时无比抵触的工作，如今竟对我的毕业论文产生了极大的帮助。我很快确定了题目，幸而曾经整理过大量的非洲问题材料，我在毕业论文选题时可以直接用到它们，在之后的研究和写作中，我也因之前的积累而游刃有余。

曾经以为自己帮那位老师做项目是件很傻的事，以为是浪费自己的时间和精力。可到写毕业论文时，我当真无比感激自己曾那般努力地研究过这个问题。

果真，人生没有白费的努力。珍视自己付出的每一分努力，终有一日，它们会盛开如繁花，惊艳我们的生命。

因为很多非洲国家都以法语为官方语言，所以不少去非洲的国内工程队都会带几个法语翻译过去。本科毕业时，我们法语班很多同学便选择了这份工作，这意味着毕业之后他们要在那片大陆待上三五年。

M 也是如此。根据协议，她要在那里至少工作三年。M 的妈妈很反对，可从小就有主见又带点小任性的 M 还是义无反顾地去了。临行时，M 兴冲冲地跟我说："等赚到第一桶金，我就回来做点自己喜欢的事儿。"

一年后，M告诉我，她染上了痢疾，久治不愈，只好申请回国。M的妈妈在欣喜之余，埋怨她在非洲浪费了一年的时间。M却不这么认为。

M本科时修了经贸类专业的双学位，从非洲回来，她很快就换了工作，当起了小白领。只是没过多长时间，我又在朋友圈看到她飞去了非洲。好奇之下，我忙问她是不是又辞了国内的工作出去了。

“不是呢，我们公司想开辟非洲市场，刚好我在非洲工作期间积累了一些经验和人脉，就飞过来一趟，准备把这里的人脉关系介绍给公司。”M开心地告诉我，公司很看重她的非洲工作经历，她也因此在刚入职几个月内就得到快速提拔。“你看，我就知道我在非洲工作一年的经验不会白白浪费掉。”

果然，人生没有白去的地方，没有白走的路。即便是有些看似弯路的经历，说不定也能为之后的正途指引方向呢。

这世上从没有白费的努力，也没有碰巧的成功。很多看似撞大运的成功经历，往往源于曾经一段看不到光明的默默付出。

无论是五岁学英语，还是八岁学游泳，这在当时看来都好似很“无用”。就好像我在研一时帮老师做我不喜欢的项目，就好像M刚毕业就飞去妈妈很不看好的非洲工作。但是老天爷很可爱，他不忍心让任何一个人的努力白白浪费掉。于是，他可能在后来的日子里，安排一个你喜欢的人约你去游泳，安排一份很好的英文工作让你去做。

命运在用这样的方式告诉我们，只要认真对待生活，终有一天，你的每一份努力，都将绚烂成花。

多少人在哭泣中告诉自己要奋发图强，要摆脱现状，然而当生活稍微给了他一点甜头，他就忘记了自己曾经的信誓旦旦，然后在下一次磨难面前痛哭流涕。

这是一个在微博上看到的故事。

在饭店，有几个女人因为皮蛋瘦肉粥里没有看到瘦肉和老板争执了起来。

老板解释说，瘦肉都煮化了。其中一个女的越说越激动，竟然哭了起来。老板惊呆了，边给她纸巾边安慰她，说："一碗粥而已，不至于啦，我再给你们送一个凉菜吧。"

女人边哭边说："我哭的不是这个，我难过的是，我已经三十几岁了还为一碗粥斤斤计较吵起来，这根本不是我要的人生！我什么时候才能不过这种日子！"

顿时，整个饭店的人听到她的话都陷入了一片死寂。

生活重压之下发出振聋发聩的呐喊，让所有苟且于生活的人，心头猛然一震。

或许，我们都在过这样的人生：

别人一顿饭消费两三千块钱，我们却要每天挤地铁或公交辛辛苦苦工作一个月才能赚到。

别人全身名牌，动不动就来一场说走就走的境外游，我们却不得不为了讨好领导在酒桌上拼命，在周末熬夜加班。

别人开豪车，住别墅，身边俊男靓女无数，我们挤公车，住出租屋，愿意和我们交流的只有菜市场的大爷大妈。

没有在深夜痛哭过的人，不足以谈人生。也许，我们大多数人都没有过上自己想要的生活，还在蝇营狗苟地向生活摇尾乞怜。

这不是我们想要的人生，可是我们曾经为之努力过吗？

大学毕业后的三个月，因为看不到希望，小李从航空公司离职。

离职后做过很多工作，从骑着一台破摩托车到农村挨家挨户兜售猪饲料的销售代表，到扫楼盘、贴小广告、遭无数白眼的房地产中介，再到打电话、搞营销策划、工资还没有领到公司就倒闭的培训课程顾问，其中的艰辛只有自己清楚。

发生过一件事情，她永远都忘不了。

一个冬天的深夜，母亲打来电话，说她身体不舒服，需要第二天来长沙医院看病。

一夜无眠。

可以忍受的病，母亲一般不会打电话告诉她。她知道，母亲此刻肯定是受到病痛折磨，非常痛苦，非常煎熬。

第二天一大清早，在车站接到了母亲。

母亲脸色蜡黄，说话有气无力。怕冷，胡乱穿了很多旧衣服，包括她的、父亲的。

母亲身体不好，有胃病和冠心病。

胃寒，怕冷；冠心病，睡眠差；而此刻，她最痛的是喉咙。

在医院，一通检查下来，是声带息肉，整个喉咙都充血发炎了，需要做一个手术。

手术前，在医院交完所有费用，她记得她的银行卡里面还剩下五百来块钱，还有下个月的房租要交，还有一个月的生活要过。

不知道，那个月是怎么熬过来的，她尽量不让自己想太多。

每天早上，在菜市场买五块钱的瘦肉和青菜，熬到粥里面，少油少盐，为了省公交车费，穿过歪歪斜斜的街道，步行到湖南省人民医院把粥送给母亲。

有一天晚上，从医院回来的路上，天空忽然下起了瓢泼大雨，顿时浑身湿透，雨很大，眼睛几乎睁不开，城市的灯光变得扑朔迷离。

回到冰冷的出租屋，湿衣服都没换，她蹲在厕所大哭，止不住地流泪。那一刻，她发誓这辈子再也不要过这样的生活！

洗完热水澡，她躺到床上，床只能睡一半，因为另外一半的床垫是湿的，出租屋还漏水，需要每天用一个脸盆接水。

为什么要住这里？因为便宜啊。

十几天后，母亲康复出院，她一路把她送回老家。

因为请假十几天，公司领导颇有微词，不但扣了相应的工资，提成也没了。

她一气之下，辞职了。

新的公司老板人很好，很赏识她，不到一个月她就摸清了整个公司的营运流程。

新公司，不说自己是贡献最大的，但是她绝对是最拼的。

最长的纪录是连续上班七十八天，没有一天假期。

为了业绩，她一个人带着资料跑到香港，敲开香港人的办公室，用普通话加英语再加一点粤语和他们谈合作。

为了业绩，她一个人深夜十二点跑到顺丰快递的物流中转站，历经三小时，找到第二天要用的文件。

为了业绩，她一个人连续开车几百公里，只为抢在竞争对手之前和合作单位把合同敲定。

那个时候，她最喜欢的歌是《夜空中最亮的星》，一边听一边唱，唱到那句“会流泪的眼睛”的时候，眼泪就不自觉地哗哗流了下来。

她知道，夜空有一颗最亮的星，一直在照亮她前行。

三年后，她从银行取出来几十万，买了一套地铁口的房子，付了首付。把母亲和父亲都领到房子里，父母望着她，欣慰地笑了。

现在的房奴生活不是她想要的，但是她会接着一直努力下去。

在我们心中，都有一个梦想：要有一所大房子，很大的落地窗户，阳光洒在地板上，面朝大海，春暖花开。在美好的日子里，不为金钱发愁，只做自己喜欢的事情。

可是，我们却还沉迷于这样的日子：无效的社交，漫无目的刷微博，毫无底线透支信用卡，乌烟瘴气的网吧玩游戏，烂大街的肥皂剧。

现在的人生或许不是你想要的，但一定是你自找的。

“我都二十八岁了，还天天和你们在群里面抢一分钱的红包，这不是我想要的人生！”朋友A在朋友圈发了这一条留言。

朋友B回复说，“我昨天半夜拉肚子，早上起来就开始胃疼，刚才在公交车上突然很难受，想吐，浑身冒冷汗，无力，在座位上缓了好久才舒服点。经过公司楼下药店买药吃了，现在继续上班挣钱。P.S. 这也不是我想要的人生，但我还在努力！”

或许，现在的人生不是你想要的，现在的自己也是你所厌恶的……

可是，你为之做出改变了吗？

愿人生从今以后无可辜负

“小欣，我要去C市读大学了！”

一个人影疯了似的撞开了我家的门，冲了进来。

“嗯？”

“我被C市我心仪的大学录取了！”林祸害开心地在我家客厅转了一个圈，满脸幸福地说道。

我抬头瞥了一眼，她的怀中，抱着她口中心仪的大学的通知书。

“哦，去吧！早去别回，路上别让狼叼走了。”

“你咋能这么说呢！我们的祖国治安这么好，哪里来的狼！再说了，我可是祖国未来的小花朵，国家之栋梁，就算有狼，也不会伤害我的，谁让我这么貌美如花，是吧？”

“还有啊！你这么盼着我走，我走了可就没人陪你说话、吵架了，你得多寂寞多难过啊！”

我抄起手边的枕头，扔了过去。

“你吵死了，赶紧滚，我还想安静地多活几天。”

“这么凶，难怪周安不要你了。”

“滚！”我再次顺手把茶几上的杯子扔了过去。然而被她敏捷地躲开，杯子碎了一地的渣。

“哎，你别这么凶，我不惹你了，我滚好了吧。”于是这个祸害哼着歌，抱着她心仪大学的通知书，和茶几上的苹果，一块儿走了。

临出门前还不忘回过头：“我家老头子再过十天要在我家公司对面的酒店给我开大席庆祝，你记得来啊！”

我懒得起身，也懒得回应，接着睡吧。

睡梦中，周安又回来了，我们还像从前一样牵手走在校园的田径场。林祸害一直在旁边叽叽喳喳个不停……

“我再也受不了你了，我们分手吧！”我听见周安歇斯底里地对我喊着。

突然惊醒。

揉了揉微疼的脑袋。想起了林祸害那张脸和她怀中的通知书。她本不叫林祸害，叫林静。我觉得她爸妈应该是想让她做个安静的女孩子，然而事与愿违了。

我的东西，多半被她搞了破坏，从小到大一直如此，就连一支铅笔，一块橡皮都不曾放过。所以她便有了“祸害”的外号。

以前，林祸害也是个不学无术的，不良少女的习惯，她一个不缺。不断地换着法儿染不同颜色的头发，除了黑色。抽烟、喝酒、打架，样样都有她，学校通报栏常常挂着她的大名。但是她不会被开除，因为我们上过的幼儿园，我们上过的小学、初中，还有我们上过的高中，学校里的设备器材，甚至教学楼、宿舍楼，近乎一半是她爸捐的钱，每隔三两年还会给学校捐不少善款。所以即便任课老师和学校领导再头疼这个祸害，也不会开除她，最多是警告。

以前林祸害谈过很多男朋友，反正我是数不过来，但大多都是玩玩，有人看中她家的钱，有人惦记她家的势，有人贪婪她的貌。

她是个叛逆的孩子，林叔叔是一年到头忙得连过年都不一定在家的那种家长，没时间，也管不了她。

至于她妈妈……在林祸害九岁的时候，因为林叔叔在外面养了人，还把人带了回去，林妈妈受了刺激，自杀了。

年仅九岁的林祸害，差点弄死那个女的。自此，林叔叔没再找过女人，或许是真的怕林祸害把人给弄死了吧！至于生意上走的过场，就不说了。

林祸害不停地挥霍她爸爸的钱，不停地给她爸爸惹事儿。

我觉得林叔叔也挺可怜的，养了这么个挥霍金钱如粪土、作恶多端的小白眼狼！

其实以林祸害以前的性格和行事风格，是不可能安静地坐下来好好学习，更不可能考上她口中“C 市的心仪的大学”的。要知道，这个她口中“C 市心仪的大学”，可是 C 市综合排名前三的高校，而 C 市，是国内的经济、文化、政治中心城市之一的大都会。

而她的改变，不过是因为秦昊。

林祸害是秦昊从恶人手中救下的姑娘。这祸害常常和一群狐朋狗友去酒吧喝酒，玩得太嗨，又有点姿色，于是便在某个酒吧喝酒的晚上，让人给盯上了。就她那群狐朋狗友，别看平时装得跟大爷似的，真遇见事儿了，一个个怂得够呛，比兔子跑得都快。酒吧里的大款们，哪个是他们能惹得起的。

他们看中的，不过是一块儿出去酒肉穿肠之时，林祸害手中的红票子和没有限度的信用卡。

据林祸害描述，那群人非拉着她，让她陪他们“玩玩”，旁边是一群冷眼旁观的陌生人。而她的那群“朋友”，早在看到那群彪汉时，就跑得不知所踪了。

就她那胳膊腿，别看平时威风凛凛的，遇见那些彪汉，就跟个绵羊似的，在那种场合里，还是垂死挣扎的绵羊。

秦昊是在她近乎绝望的时候出现的，一人单挑那五六个比林祸害还祸害的人渣。

不过秦昊的外表可不像他的身手那么凶猛，表面看上去，他就是一个温和无害的白面书生。

林祸害依旧是个天不怕地不怕的，别看她那天蔫儿了。

或许在别人看来，温和无害的人徒手挑了五六个壮汉，是一件骇人听闻且可怕的事情，但是在林祸害看来，那一刻，秦昊成了她心目中独一无二的男神，而且这个男神的位置迄今为止，任凭风吹雨打、电闪雷鸣，无人能够撼动。谁让英雄救美这种事，最能俘获少女的芳心呢！何况还是长得好看的男人！

后来，林祸害便调动了她爹的大部分资源，调查了她心目中无人能及的男神的部分信息。由此得知，秦昊，C 市某知名高校大四工商男，单身，已被本校推免留任为新一届硕士，参加过全国性的各种比赛，并获得了各种奖项，祖国灿烂的雄性花朵。

秦昊出现在酒吧的原因是，来本市参赛，顺带同学小聚一把。由此便碰见了被恶人欺负的林祸害，多管了一把闲事儿。至于秦昊被林祸害神化的十八般武艺，据林祸害讲，她这个男神练过武术，还进过部队，然后继续读书深造的。

我鄙视了她一把："你调查得倒是挺细致。怎么，又要去祸害别人了？"

"我这怎么能叫祸害人呢？我是要好好学习，天天向上，然后把我的男神从单身中解救出来！"

"呵呵……"

对于林祸害来说，知道了以上的信息，已经够了。

至少，激发了她奋发图强的无限动力。

林祸害被秦昊在酒吧解救的时候，是高三的十月。

从此，林祸害染回了一头亮黑的长发，捡起了被她扔在垃圾堆里多年的写字笔，翻开了落满灰尘的课本。每天或蹲或站或坐或躺着，各种姿势环绕在书堆里，翻寻着和她大眼瞪小眼的单词、数学公式、博大精深的文言文等各种知识，咬着笔解读着变态的数学题和一句也看不懂的英语阅读。

不得不说，林祸害很有天分，毕竟她爹的高智商也没有发生什么变异，毫无保留地遗传给了这个祸害。

况且，别看林祸害以前从来不学习，但是她的成绩也从来没有不及格过。没有不及格，也就是说，所有的学科，她总是能考到总分的60%，只是她从来不考高分，所以你想想她能笨到哪里去。真怀疑她平时都是装的，要知道她的高考成绩可是全省第一！

到现在我都能想象到林叔叔接到学校领导的电话，说他的女儿在学校奋发图强的时候震惊而欣慰的表情，以及成绩出来后，学校领导给林叔叔打了好一通电话，说什么才华横溢的林先生的女儿怎么可能是平庸之辈，必定是青出于蓝而胜于蓝！

林叔叔高兴得立即买了机票，就从千里之外的地方飞了回来！回来后还特意开了几桌酒席，宴请了学校的老师和生意上的朋友，一同分享女儿取得优越成绩的喜悦，感谢学校老师及领导对孩子的教导！

当然了，这一切都是林祸害翻着白眼告诉我的，还顺带骂了一番学校的领导，说他们阿谀奉承溜须拍马。

也难怪，要知道这学校虽然实力不差，但是多少年也没有出个全省第一来。再说了，林祸害她爹每隔几年就给学校捐那么多钱，虽然在我看来这些钱完全是因为林祸害在学校里不安分，林叔叔为了女儿而捐的。

学校的领导都说，以林祸害的分数，去C市的那个大学有些屈才，但是林叔叔却笑呵呵地说，女儿开心就好，何况C市的那个大学不差，挺好的。领导只好就此作罢，毕竟还指着林叔叔给学校捐钱呢！

学校当然希望林祸害可以报全国最好的学校，这样他们就可以大肆宣传了。虽然结果没他们想象的那么好，不过，也足够了，全省第一的招牌，够他们打好几年了。再添点儿油加点儿醋，就成了不良少女在校园老师及领导的谆谆教诲下幡然悔悟，决定洗心革面奋发图强，在老师忘我的悉心指导下，直冲云天了！

我不知道林祸害日后会和秦昊如何，至少在我看来，秦昊解救林祸害的，不仅仅是那一场恶人的调戏，还有林祸害面对生活和人生的态度，以及林叔叔。

林祸害在高三时已经成年，她在这场博弈中成熟了很多，我也看到了她再次面对林叔叔时，没有以往那么嚣张跋扈了。

不管是懂得了父亲的不易也好，还是自己顿悟了也罢，终归这改变，是令绝大多数人欣慰的。

在这场博弈中，林祸害没有辜负她自己，林叔叔也倍感欣慰，所有的人好像也都为这个姑娘感到骄傲。至于秦昊和林祸害的未来会怎样，我没有深想，也许随着林祸害眼界的开阔，她会突然明白秦昊是那个帮助她成长的人，而不是她想爱的人，又或许他俩能成就一段好姻缘呢！

林祸害其实真的长大了很多。

我亲爱的林祸害，愿你在以后的日子里，越走越好，不辜负你自己，不辜负林叔叔，不辜负你爱的人和爱你的人。

愿你的人生，从此以后，无可辜负。